Deepak Chand Sharma
Praveen Kr. Srivastava
Anuja Kakkar

Efeito imunomodulador dos probióticos em Clarias batrachus

Deepak Chand Sharma
Praveen Kr. Srivastava
Anuja Kakkar

Efeito imunomodulador dos probióticos em Clarias batrachus

ScienciaScripts

Imprint

Any brand names and product names mentioned in this book are subject to trademark, brand or patent protection and are trademarks or registered trademarks of their respective holders. The use of brand names, product names, common names, trade names, product descriptions etc. even without a particular marking in this work is in no way to be construed to mean that such names may be regarded as unrestricted in respect of trademark and brand protection legislation and could thus be used by anyone.

Cover image: www.ingimage.com

This book is a translation from the original published under ISBN 978-620-2-01483-0.

Publisher:
Sciencia Scripts
is a trademark of
Dodo Books Indian Ocean Ltd. and OmniScriptum S.R.L publishing group

120 High Road, East Finchley, London, N2 9ED, United Kingdom
Str. Armeneasca 28/1, office 1, Chisinau MD-2012, Republic of Moldova, Europe
Printed at: see last page
ISBN: 978-620-7-69934-6

ÍNDICE

Agradecimentos

Não teria sido possível escrever esta tese de projeto de mestrado sem a ajuda e o apoio das pessoas amáveis que me rodeiam, das quais apenas algumas podem ser mencionadas aqui. Acima de tudo, gostaria de agradecer a minha grande paciência em todos os momentos. No final da minha tese, gostaria de agradecer a todas as pessoas que tornaram esta tese possível e uma experiência inesquecível para mim e é uma tarefa agradável expressar os meus agradecimentos a todos aqueles que contribuíram de muitas formas para o sucesso deste estudo e fizeram dele uma experiência inesquecível para mim.

Neste momento de realização, gostaria, em primeiro lugar, de agradecer ao Dr. D.C. Sharma, Coordenador do Departamento de Microbiologia, por ter disponibilizado as instalações necessárias para a realização do trabalho com êxito. Agradeço os seus conselhos motivadores, o seu bom encorajamento, o seu apoio moral e as suas sugestões frutuosas para o meu projeto de investigação. Tenho a sorte de reconhecer com gratidão o seu apoio, que foi a minha fonte de inspiração nos primeiros tempos e que me ensinou muitas coisas e me apoiou.

Gostaria de expressar a minha sincera gratidão ao Dr. Praveen Kumar Srivastava. Este trabalho não teria sido possível sem a sua orientação, apoio e encorajamento. Sob a sua orientação, ultrapassei com êxito muitas dificuldades e aprendi muito. Ele ensinou-me, tanto consciente como inconscientemente. Agradeço todas as suas contribuições em termos de tempo, ideias e financiamento para tornar a minha experiência de projeto produtiva e estimulante.

Gostaria de agradecer aos outros professores do meu departamento, Jyoti Yadav e Parul Khandelwal, pelo seu amor, carinho e apoio moral. Merecem aqui uma menção especial o seu apoio constante, a sua motivação e a sua boa orientação e apoio no meu trabalho de investigação.

Gostaria de agradecer a todos os membros do meu grupo de investigação, Ankita Awasthi, Abad e Anas Hakim Khan, que me prestaram uma assistência inestimável durante o período do meu trabalho de investigação, a montagem experimental e me ajudaram em todos os momentos do trabalho e as muitas rondas de discussão com ele ajudaram-me muito.

Agradeço a Nikhil, assistente de laboratório, por me ter ajudado a fornecer os produtos químicos necessários e outros serviços laboratoriais.

Anuja Kakkar

1. Introdução

O sector global da aquicultura tem crescido continuamente nos últimos 40 anos, embora de forma desigual entre os países. As diferenças em factores como os factores de produção, o clima, a gestão, a tecnologia, os mercados, o ambiente social e as instituições podem ser as razões para as disparidades no crescimento (Nadarajah e Flaaten, 2017). A aquacultura é a produção de plantas e animais aquáticos em condições controladas ou semicontroladas e é equivalente à agricultura subaquática (Stickney, 1994). De acordo com a FAO (2014), a Ásia é responsável por cerca de 50% dos estimados 90 milhões de toneladas de peixe capturado a nível mundial. É uma das indústrias de crescimento mais rápido, em comparação com outros sectores de produção de alimentos para animais, com um aumento de 70 milhões de toneladas métricas na produção total nas últimas duas décadas (FAO, 2016). A aquicultura registou um rápido crescimento nos últimos trinta anos, sendo capaz de fornecer quase metade de todo o peixe consumido pelos seres humanos (Vallejos-Vidal et al., 2016). Esta rápida expansão deve-se a condições de cultivo intensivo, o que implica uma maior probabilidade de surtos de doenças, levando a pesadas perdas económicas por mortalidade (Talpur et al., 2013).

Nos últimos 40 anos, os sectores globais da aquicultura têm crescido continuamente e são um importante contribuinte para a produção global total de produtos do mar, que contribuiu com 44,1% em 2014. A oferta global da aquicultura cresceu a uma média anual de 8,6% entre 1980 e 2012, enquanto a produção de peixes de captura estagnou gradualmente. A variação percentual média anual da produção aquícola mundial em termos de valor é de 3,9% no período de 1984-2014. Por conseguinte, este desenvolvimento foi impulsionado principalmente pelo crescimento da produtividade e por uma procura crescente de produtos do mar. A produção global de peixe para alimentação, a produção global de aquacultura, incluindo plantas aquáticas cultivadas, foi registada como 73,8 milhões de toneladas em 2014, 101,1 milhões de toneladas, avaliadas em 165,8 mil milhões de dólares, respetivamente (FAO, 2014, 2016; Asche 2008; Anderson, 2002; Delgado et al., 2003).

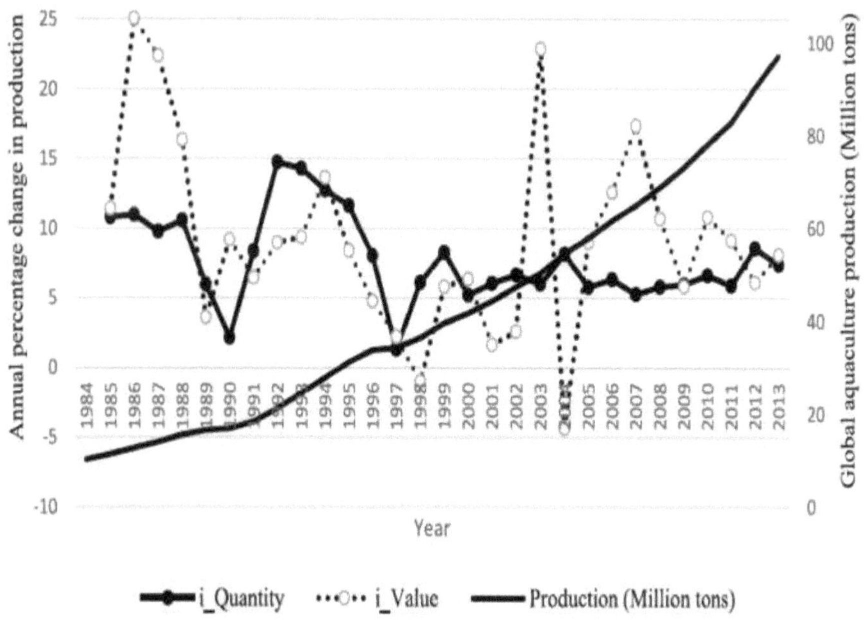

Fig. 1. Variação média anual do total da produção aquícola mundial (19842013). Fonte: FishStat, FAO, 2015.

Kobayashi ct al. (2015) referiram recentemente que se estima que o consumo de peixe aumente ainda mais em países da Ásia, África, América e regiões europeias durante 2010-2030. Por conseguinte, a aquicultura é atualmente mais importante do que a pesca como fonte de produtos do mar para consumo humano. Com o aumento da produção, a taxa global de crescimento do sector da aquicultura está a diminuir à escala mundial (Fig. 1). A produção aquícola depende geralmente de vários factores, como a alimentação, a área de cultivo, factores climáticos e pH, CBO, CQO, sistemas de cultivo, práticas de gestão, qualidade dos alevins, factores de mercado, ambiente social e instituições (Muir e Young, 1998; Bostock et al., 2010; Kumar e Engle, 2016; Nadarajah e Flaaten, 2017). O Plano de Ação para a Agricultura 2013-15 do Grupo do Banco Mundial (GBM) resume os desafios críticos que o sector alimentar e agrícola mundial enfrenta. Uma população mundial em constante crescimento necessita de alimentos e nutrição adequados para a população em crescimento através do aumento da produção e da redução do desperdício. O aumento da produção tem de ocorrer num contexto em que os recursos necessários para a produção de alimentos, como a terra e a água, são ainda mais escassos num mundo cada vez mais povoado, pelo que o sector tem de ser muito mais eficiente na utilização dos recursos produtivos. As questões importantes aqui abordadas são: a saúde das pescarias de captura globais; o papel da aquacultura no preenchimento da lacuna entre a oferta e a procura de peixe a nível global e na potencial redução da pressão sobre as pescarias de captura; e as implicações das mudanças nos mercados globais de peixe no consumo de peixe.

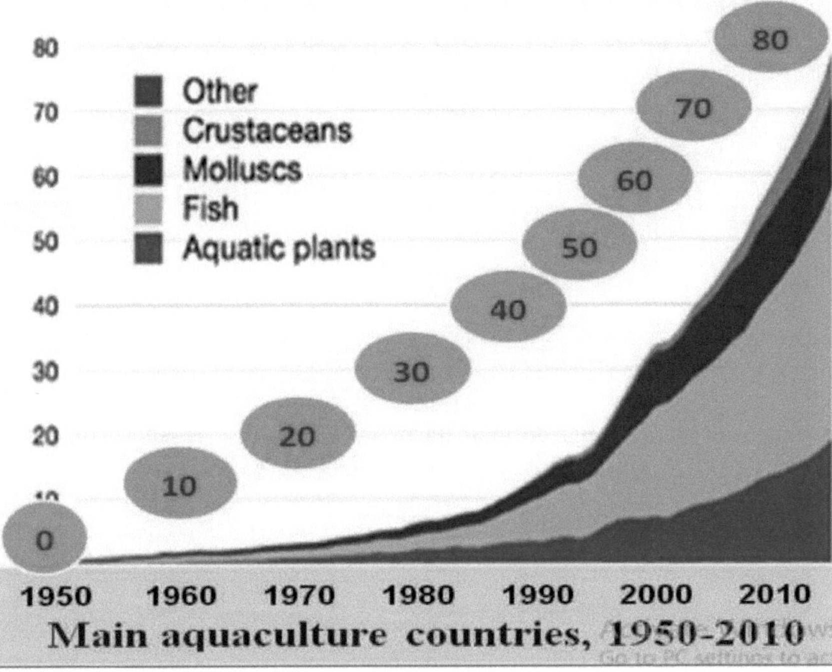

Fig. 2. Principais países aquícolas, 1950-2010.

A aquicultura deverá continuar a ser um dos sectores de produção de alimentos de origem animal de mais rápido crescimento e, na próxima década, a produção total, tanto de captura como de aquicultura, excederá a da carne de bovino, suíno ou aves de capoeira. Nas últimas três décadas (1980-2010), a produção mundial de peixes destinados à alimentação humana provenientes da aquicultura aumentou quase 12 vezes, a uma taxa média anual de 8,8%. A taxa de crescimento da produção de peixes de aquicultura entre 1980 e 2010 ultrapassou largamente a da população mundial (1,5%), o que fez com que o consumo médio anual per capita de peixes de aquicultura aumentasse quase sete vezes (Fig.2). O peixe e os produtos da pesca estão entre os produtos alimentares mais comercializados em todo o mundo, tendo

6

os volumes e valores comerciais atingido novos máximos em 2011 e prevendo-se que continuem a aumentar, com os países em desenvolvimento a continuarem a representar a maior parte das exportações mundiais. Enquanto a produção da pesca de captura permanece estável, a produção da aquicultura continua a expandir-se. Em 2012, a produção aquícola mundial atingiu um nível recorde de mais de 90 milhões de toneladas. Um relatório das Nações Unidas intitulado The State of the World Fisheries and Aquaculture (O estado da pesca e da aquicultura no mundo), publicado em maio de 2014, afirma que a pesca e a aquicultura sustentam os meios de subsistência de cerca de 60 milhões de pessoas na Ásia e em África (FAO, 11, 14, 15, 16)

Para aumentar o bem-estar e o desempenho dos animais através da nutrição, tem sido demonstrado um grande interesse na suplementação dietética que pode ter outros efeitos benéficos normalmente associados a dietas conhecidas como alimentos funcionais ou dietas saudáveis (Hoseinifar et al., 2015). De facto, a administração dietética de muitos constituintes funcionais, principalmente probióticos, prebióticos e imunoestimulantes naturais, é considerada uma alternativa ao controlo imunoprofilático. Por conseguinte, o seu papel poderia ser aumentado através da aplicação de prebióticos, matérias-primas para alimentação animal que têm efeitos benéficos no hospedeiro, estimulando o crescimento e a atividade de bactérias benéficas nos intestinos que melhorariam o estado de saúde do hospedeiro (Cerezuela et al., 2011, 2016). É essencial reforçar o sistema imunitário de forma exógena para o sucesso da aquicultura. Os peixes respondem aos agentes infecciosos de forma não específica e específica, mas dependem muito mais dos mecanismos não específicos. O reforço da imunidade inata pode melhorar o estado de saúde dos peixes (Harikrishnan et al., 2011). Por conseguinte, a investigação sobre as medidas preventivas para este agente patogénico dos peixes é mais importante do que o tratamento da doença após o seu surto.

Nadarajah e Flaaten (2017) estudaram recentemente a relação entre o crescimento anual da produção dos principais países aquícolas e a qualidade das suas instituições ao longo de três décadas (1984-2013) e relataram que o crescimento da aquicultura não se correlacionou significativamente com a qualidade das instituições. Para este estudo, o seu grupo de investigação seleccionou setenta e quatro países aquícolas (com base num conjunto de critérios ex-ante) de cinco regiões diferentes - África, Américas, Ásia, Europa e Oceânia. Por região, a África teve o crescimento mais rápido no sector da aquacultura, com uma variação percentual anual da quantidade e do valor da aquacultura 7,35% e 9,28% mais elevada, respetivamente, do que a região asiática. Por outro lado, a região europeia registou uma variação percentual anual significativamente inferior em termos de quantidade de aquicultura, uma diferença de 3,78% em comparação com a região asiática.

Os probióticos são bactérias que melhoram o equilíbrio intestinal de outros organismos, quando consumidas em quantidades adequadas. Beneficiam o hospedeiro ao proibirem o crescimento de microrganismos patogénicos, ao participarem na digestão através de actividades enzimáticas, ao melhorarem a resposta imunitária e ao reforçarem as propriedades antivirais. Recentemente, a utilização de probióticos dietéticos como aditivos alimentares em aquacultura registou um enorme crescimento. Entre os probióticos, as bactérias do ácido lático e as estirpes de Bacillus sp. têm sido as mais estudadas na aquacultura de peixes (Verschuere et al., 2000), tendo sido demonstrado que melhoram o sistema imunitário dos peixes e conferem proteção contra vários agentes patogénicos (Aly et al., 2008; Reyes-Becerril et al., 2012). A espécie de bactéria, B. subtilis, é uma bactéria Grampositiva e em forma de bastonete que vive no solo e no trato gastrointestinal de muitos animais e fornece muitas enzimas benéficas. Estes microrganismos são bem conhecidos pelo seu conteúdo de proteínas, peptidoglicanos e ácido lipoteicóico na sua parede celular, o que beneficia o hospedeiro através da proteção do intestino contra infecções e da melhoria da sua saúde.

Os "peixes respiradores" constituem um grupo único de peixes pertencentes a diversos géneros que desenvolveram órgãos respiratórios acessórios para utilizar o ar atmosférico para a respiração, o que lhes permite prosperar em águas pobres em oxigénio. Os peixes respiradores comercialmente importantes da Índia são Channa punctatus (murrel malhado), C. striatus (murrel listrado), C. maurlius (murrel gigante), Heteropneustes fossils (singhi), Anabas testudineus (kowai) e Clarias batrachus (magur) (Ng e Kottelat, 2007, 2008; Vishwanath, 2011).

C. batrachus (magur), uma espécie de peixe-gato indiano, é endémica do subcontinente indiano e está distribuída nas bacias dos rios Ganga e Brahmaputra no norte e nordeste da Índia, Nepal, Butão e Bangladesh (Ng e Kottelat, 2007, 2008). Foi incluída na lista de espécies ameaçadas devido à redução do tamanho da população natural (Vishwanath, 2011). Possui um grande órgão respiratório acessório com o qual utiliza o oxigénio atmosférico. É popularmente conhecido como "peixe-gato ambulante" porque as suas barbatanas peitorais têm uma estrutura rígida semelhante a uma espinha, o que é uma caraterística da espécie que possui a capacidade de se deslocar em terra e tem um elevado valor medicinal devido ao elevado grau de proteína, à elevada concentração de ferro e ao teor útil de lípidos. É preferido por mães grávidas e lactantes, idosos e crianças (Sarkar et al., 2014).

As doenças dos peixes de água doce são uma grande ameaça para a obtenção de uma produção óptima e tornam-se um fator limitante para o sucesso económico da aquacultura. Os fungos, responsáveis por um certo número de doenças, estão presentes na água doce. As infecções fúngicas são causadas principalmente devido à supressão imunitária. Os fungos podem atacar peixes de todas as idades e podem também impedir o sucesso da incubação quando invadem os ovos de peixe. Entre os numerosos fungos aquáticos, as espécies de Oomycetes têm especial importância devido ao seu efeito na saúde dos peixes. (West, 2006). Vários fungos aquáticos foram relatados por diferentes investigadores, pertencentes a Saprolegnia, Pythium, Thraustotheca, Aphanomyces, Dictyuchus, Protoachlya (Sati, 1991; Chauhan e Qureshi, 1994). Qureshi, et al. (2002) referiram que a patogenecidade de Achlya revelou parasitas mais virulentos do que Saprolegnia em peixes de água doce. Da mesma forma, Firoz et al. (2011) também relataram várias espécies como Penecillium sp., Alternaria sp., Fusarium sp. e Aspergillus sp. que são patogénicas para os peixes de água doce.

A investigação sobre probióticos em animais aquáticos está a aumentar com a procura de uma aquacultura amiga do ambiente (Gatesoupe, 1999). Não existem relatórios que demonstrem quaisquer efeitos probióticos em Clarius batracus sp. O objetivo do presente estudo foi investigar a utilização e o efeito dos probióticos em C. batracus.

2. Revisão da literatura

2.1. O sistema imunitário dos peixes

Os peixes, que evoluíram durante o período Devónico, são os primeiros vertebrados que constituem o grupo mais bem sucedido e diversificado de vertebrados com um sistema imunitário bem desenvolvido, caracterizado por imunidade celular e humoral (Kimbrell et al., 2001). Os peixes, enquanto vertebrados com mandíbulas, possuem atributos imunitários não específicos e específicos. Embora tenham sido feitos muitos progressos nos últimos anos na imunologia dos peixes, o sistema imunitário dos peixes ainda não está tão bem caracterizado como o dos vertebrados de evolução mais recente, como os mamíferos. Existem muitas diferenças no desenvolvimento, estrutura, formação e função do sistema imunitário entre os peixes e os mamíferos, bem como nas diferentes espécies de peixes. Em comparação com os mamíferos, os peixes não têm medula óssea nem gânglios linfáticos; no entanto, o rim da cabeça serve como um órgão linfoide importante nos peixes, para além do timo, do baço e do tecido linfoide associado à mucosa (MALT). O sistema imunitário dos peixes é condicionado pelo ambiente específico, mas também pela sua condição poiquilotérmica (Salzet, 2001). As bactérias patogénicas são, na sua maioria, microrganismos oportunistas presentes na microflora aquática. Os agentes patogénicos obrigatórios Renibacterium e Mycobacterium são escassos, mas a sua virulência depende de factores ambientais como as alterações térmicas, iónicas e osmóticas, a disponibilidade de ferro e oxigénio, os poluentes, a eutrofização, etc. Nos peixes, a imunocompetência depende mais do peso do peixe do que da idade, principalmente devido à necessidade de um número mínimo de células imunocompetentes (Rauta et al., 2012). Rombout et al. (1993, 2005) relataram que o sistema imunitário dos peixes é fisiologicamente semelhante ao dos vertebrados superiores, mas, em comparação com os vertebrados superiores, os peixes são organismos de vida livre desde as primeiras fases embrionárias da vida e dependem do seu sistema imunitário inato para sobreviver

2.1.1. Imunidade inata nos peixes

Mais de 98% dos organismos pluricelulares são capazes de manter a sua integridade devido ao sistema imunitário inato, que se baseia na fagocitose celular e na secreção de moléculas antimicrobianas solúveis. A imunidade inata é o mecanismo imunitário mais antigo que se caracteriza por ser inespecífico, rápido, inato e, por conseguinte, não depende do reconhecimento prévio das estruturas de superfície do invasor (Werling et al., 2003). É o principal mecanismo de defesa fundamental nos peixes, que desempenha um papel fundamental na resposta imunitária adquirida e na homeostasia através de um sistema de proteínas receptoras. Estas proteínas receptoras identificam padrões moleculares típicos de microrganismos patogénicos, incluindo polissacáridos, lipopolissacárido (LPS), peptidoglicano, ADN bacteriano, ARN viral e outras moléculas que não se encontram normalmente à superfície de organismos multicelulares. Esta resposta divide-se em barreiras físicas e resposta imunitária celular e humoral (Bayne, 2003). As alterações de temperatura, a gestão do stress e a densidade podem ter efeitos supressores neste tipo de resposta, enquanto que vários aditivos alimentares e imunoestimulantes podem aumentar a sua eficiência, pelo que vários factores, internos e externos, podem influenciar os parâmetros da resposta imune inata. (Magnadottir, 2006, 2010; Magnadottir et al., 1999, 2005).

A resposta não específica (resposta inata) tem sido considerada um componente essencial dos peixes no combate aos agentes patogénicos devido às limitações do sistema imunitário adaptativo, à sua natureza poiquilotérmica, ao seu repertório limitado de anticorpos e à lenta proliferação, maturação e memória dos seus linfócitos (Whyte, 2007). É geralmente dividida em três compartimentos: a barreira epitelial/mucosa, os parâmetros humorais e os componentes celulares. A barreira epitelial e mucosa da pele, brânquias e trato alimentar é uma barreira extremamente importante contra doenças nos peixes, estando constantemente imersa em meios que contêm agentes potencialmente nocivos (Magnadottir, 2010). Por conseguinte, este tipo de resposta requer uma série de mecanismos que envolvem factores humorais, celulares e tecidulares, péptidos antimicrobianos e factores do complemento. Os factores humorais podem ser receptores celulares ou moléculas solúveis no plasma e noutros fluidos corporais (Magnadottir, 2006; Balsubramanian et al., 2008). Os mecanismos imunitários, tanto específicos como não específicos, são elementos importantes para proteger os peixes contra a invasão de agentes patogénicos. Nos peixes, a pele e o muco são a principal linha de defesas não específicas. Quando os agentes patogénicos entram no corpo, são mobilizadas as defesas não específicas celulares e humorais. Os teleósteos possuem um sistema de defesa celular que inclui células fagocíticas semelhantes aos macrófagos, neutrófilos e células natural killer (NK), bem como linfócitos T e B, para além de possuírem vários componentes de defesa humoral, como o complemento (vias clássica e alternativa), lisozima, hemolisina natural, transferrina e proteína C-reactiva. Descobrem-se também mediadores inflamatórios como as citocinas (Interferão, Interleucina 2, factores de ativação de macrófagos). A defesa inata inclui mecanismos de defesa humoral e celular, como o sistema do complemento e os processos desempenhados pelos granulócitos e macrófagos. O sistema imunitário inato é a única arma de defesa dos peixes, desempenhando um papel instrutivo na resposta imunitária adquirida e na homeostasia.

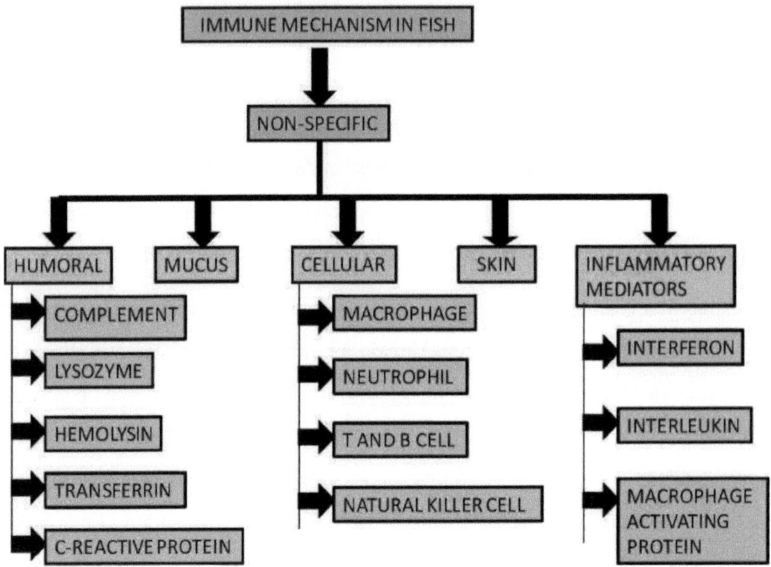

Fig. 3. Representação esquemática do sistema imunitário dos peixes

2.1.2. Órgãos imunitários dos peixes

Existem órgãos linfóides primários e secundários nos peixes. Os órgãos linfóides primários incluem o timo e o rim da cabeça. Os órgãos linfóides secundários incluem o baço e o MALT.

Rim

O rim dos peixes é um órgão disperso em forma de Y que se situa ao longo do eixo do corpo. A parte inferior é uma estrutura longa situada paralelamente à coluna vertebral, a maior parte da qual funciona como sistema renal (Danneving, 1994). A parte imunitária ativa, o rim da cabeça ou pronefros, é formada por dois braços em Y, que penetram por baixo das brânquias. Nos peixes, o rim da cabeça é também um importante órgão endócrino, homólogo às glândulas supra-renais dos mamíferos, libertando corticosteróides e outras hormonas. Além disso, é um órgão bem inervado.

Assim, a cabeça do rim é um órgão importante com funções reguladoras fundamentais e o órgão central para as interacções imuno-endócrinas e mesmo para as ligações neuro-imuno-endócrinas (Powell, 2006). A cabeça do rim funciona como um compartimento de células estaminais, ou seja, tanto como órgão linfoide primário como secundário, e parece ser o primeiro órgão a produzir linfócitos B em teleósteos (Zapata et al., 1996; 2006). O rim da cabeça é um órgão hematopoiético importante (Fange, 1986). O rim da cabeça situa-se acima da cavidade do corpo, ventralmente à coluna vertebral, imediatamente fora do peritoneu. É de cor castanha escura e mede cerca de 8-15 mm de comprimento e contém aproximadamente 9-16 x 106 leucócitos (Sailendri, 1973, 1975). A observação histológica mostra o encapsulamento do rim da cabeça por finos fios de fibras de colagénio e é constituído por vasos linfáticos, seios linfáticos e numerosos vasos sanguíneos. O rim da cabeça é constituído por duas zonas, nomeadamente uma região linfoide profundamente corada e uma região não linfoide ligeiramente corada. A zona linfoide é constituída por ilhas linfóides ou folículos compostos por pequenos linfócitos bem compactados. A zona não linfoide contém células reticulares, granulócitos e ilhas de eritrócitos (Sailendri e Muthukkaruppan, 1975).

Timo

O timo é um órgão linfoide primário especializado do sistema imunitário. Dentro do timo, as células T ou linfócitos T amadurecem e, situados perto da cavidade opercular dos teleósteos, produzem linfócitos T envolvidos na rejeição de aloenxertos, na estimulação da fagocitose e na produção de anticorpos pelas células B. A involução do timo nos peixes depende mais dos ciclos hormonais e das variações sazonais do que da idade (Espenes et al., 1995). Este órgão tem dois lóbulos, é homogéneo e é representado por uma fina camada de tecido linfoide oval que se encontra disposta subcutaneamente na comissura dorsal do opérculo e é revestida por tecido mucoso do epitélio faríngeo (Ellis, 1977, 1988, 1998, 1999, 2001).

O timo pode ser considerado como um agregado de macrófagos que promovem a proliferação encapsulada de células T (Davis et al., 2001). Vários investigadores estudaram o desenvolvimento inicial do timo em várias espécies de peixes teleósteos, e o tempo de desenvolvimento difere entre espécies consoante os efeitos da temperatura no crescimento.

Histologicamente, foi demonstrado que o timo contém uma zona exterior constituída maioritariamente por timoblastos, a zona média é constituída por pequenos linfócitos densos e bem compactados, que são numerosos, e uma zona interior ou medula de células epiteliais e menor número de linfócitos. O epitélio estende-se por trabéculas até ao parênquima do timo e cria uma rede tridimensional que contém timócitos e macrófagos dispersos. Para além destas três zonas, existe uma agregação frouxa de linfócitos na parte anterior do timo, designada por "acumulação linfoide extra-tímica". Os tipos de células epiteliais incluem células reticulares, células endoteliais e corpúsculos de Hassall (Powell, 2006).

Baço

O baço é o último órgão a desenvolver-se durante a histogénese dos órgãos linfóides dos teleósteos. Desempenha um papel tanto na hematopoiese como na reatividade imunitária (Van Muiswinkel et al., 1985; Van Muiswinkel, 1995). Está também envolvido na depuração de macromoléculas, na degradação de antigénios, no processamento e na produção de anticorpos (Dalmo et al., 1997). O baço é um órgão castanho-avermelhado localizado como uma estrutura plana ligeiramente alongada ao longo do lado esquerdo do estômago, em estreita associação com o pâncreas. O baço tem uma cápsula fibrosa e pequenas trabéculas que se estendem para o parênquima e que dividem o baço em polpas vermelha e branca. As polpas branca e vermelha não são claramente distintas em muitos teleósteos.

A polpa vermelha ocupa a maior parte da peça, contendo todos os tipos de células, incluindo glóbulos vermelhos, linfócitos e macrófagos. A polpa branca é pouco desenvolvida e contém melanomacrófagos e elipsóides. Os elipsóides são visíveis no baço. O baço é constituído por linfócitos, células plasmáticas, granulócitos, monócitos e eritrócitos (Sailendri, 1973; Sailendri e Muthukkappan, 1975).

Tecido linfoide associado à mucosa (MALT)

As superfícies mucosas do intestino, das brânquias e da pele são protegidas por mecanismos de defesa humorais e celulares. Estes tecidos, com a sua camada de muco e uma série de defesas imunitárias inespecíficas, estão expostos ao ambiente externo, formando uma barreira inicial à invasão por agentes patogénicos (Dalmo et al., 1997). O muco contém igualmente um certo número de moléculas de defesa, nomeadamente lisozima, anticorpos, complementos, etc. O MALT nos peixes teleósteos inclui os do intestino, da pele e das brânquias. Os leucócitos e as células plasmáticas também estão presentes na pele e nas brânquias (Press e Evensen, 1999; Press et al., 1996). O muco da pele e as brânquias actuam como a primeira barreira à infeção (Ingram, 1980; Shepard, 1994; Ellis, 2001). Existem várias proteínas e enzimas, como lectinas, pentraxinas, lisozimas, proteínas do complemento, péptidos antibacterianos e imunoglobulina M (IgM), presentes no muco dos peixes, que desempenham um papel importante na inibição da entrada de agentes patogénicos e proporcionam imunidade durante a fase inicial de desenvolvimento (Alexander e Ingram, 1992; Rombout et al., 1993; Aranishi e Nakane, 1997; Boshra et al., 2006; Saurabh e Sahoo, 2008). Além disso, a epiderme é capaz de reagir a diferentes agressões (espessamento e hiperplasia celular) e a sua integridade é essencial para o equilíbrio osmótico e para impedir a entrada de agentes estranhos (Hibiya, 1994). Por outro lado, estão presentes células de defesa, tais como linfócitos, macrófagos e células granulares eosinofílicas (Sveinbjornsson et al., 1996; Ellis, 2001; Fischer et al., 2006).

O muco dos peixes é uma barreira importante como primeira linha de defesa porque fornece o substrato e, na maioria das espécies de peixes, o muco cobre a maior parte das superfícies externas como a pele. Smith et al. (1995) referiram que a maioria das espécies de água doce produz mais muco do que as espécies marinhas. Por conseguinte, em condições de stress, a produção de muco aumenta significativamente, como é o caso das agressões químicas, que induzem uma maior expressão e atividade de agentes antibacterianos. As brânquias são uma superfície ampla e multifuncional que regula o equilíbrio osmótico, a excreção de parte dos resíduos de compostos azotados e as trocas gasosas, hídricas e iónicas. Para além dos linfócitos, as lamelas branquiais possuem células pilares pertencentes ao sistema reticuloendotelial (Sveinbjornsson et al., 1996; Fischer et al., 2006).

2.1.3. Genes relacionados com a imunidade

Fator de necrose tumoral (TNF)

O fator de necrose tumoral-α é uma citocina fundamental que induz a sobrevivência, a apoptose e a necrose das células e contribui para processos fisiológicos e patológicos. O TNF-α é considerado uma citocina chave dentro da rede de citocinas pró e anti-inflamatórias que desempenha um papel importante na ativação, proliferação, apoptose e diferenciação de macrófagos, bem como de outros tipos de células, como fibroblastos e células endoteliais. O Fator de Necrose Tumoral α (TNF-α) foi também clonado em várias espécies de peixes. Além disso, foi demonstrado que a atividade da proteína semelhante ao TNF induz a apoptose e aumenta a migração de neutrófilos e a atividade de explosão respiratória dos macrófagos (Mulero e Meseguer, 1998). Está bem estabelecido que o TNF-α pode desencadear a sua própria produção, bem como a de IL-1, IL-6, IL-8 e outras citocinas, tanto in vivo como in vitro, indicando o seu papel na orquestração da produção de citocinas e da inflamação (Swain e Sahoo, 2006; Chakrabarti et al., 2014; Srivastava e Pandey, 2015). Devido à diversidade de funções que foram relatadas em vertebrados de mamíferos, é provável que o TNF-α também se revele um jogador-chave nas respostas neuroimunoendócrinas em peixes. Vários investigadores referiram que o TNF-α e o β são importantes activadores de macrófagos, como na truta arco-íris, no pregado, na dourada e no peixe-gato, tendo sido demonstrado que o TNF provoca a ativação de macrófagos, levando a um aumento da atividade respiratória, da fagocitose e da produção de óxido nítrico (Yin et al., 1997; Mulero e Meseguer, 1998; Tafalla et al., 2001).

Os membros da superfamília TNF que são produzidos por um vasto leque de células, especialmente em resposta a estímulos inflamatórios, foram recentemente identificados em peixes teleósteos, tais como TNF-a, BAFF, APRIL, EDA, TREAK, 4-1BBL, Fas ligand, LIGHT, CD40L, e RANKL, com alguns membros existindo como múltiplas isoformas (Tafalla et al., 2001).

Interleucina-1β (IL-1β)

A interleucina-1b (IL-1β) é uma potente citocina pró-inflamatória que é crucial para as respostas de defesa do hospedeiro a infecções e lesões. É também a mais bem caracterizada e mais estudada dos 11 membros da família IL-1. É produzida e segregada por uma variedade de tipos de células, embora a grande maioria dos estudos se tenha centrado na sua produção nas células do sistema imunitário inato, como os monócitos e os macrófagos. É produzido como um precursor inativo de 31 kD, denominado pro-IL-1β, em resposta a motivos moleculares transportados por agentes patogénicos denominados "padrões moleculares associados a agentes patogénicos" (PAMPs). Os PAMPs actuam através de receptores de reconhecimento de padrões (PRRs) nos macrófagos para regular as vias que controlam a expressão genética (Manning e Nakanishi, 1996).

Recetor tipo Toll-4 (TLR-4)

O sistema imunitário inato reconhece os agentes patogénicos ou estruturas conservadas derivadas de agentes patogénicos, como lipoproteínas, peptidoglicano (PGN), ácido lipoteicóico (LTA), zimosano, proteína de choque térmico (hsp), lipopolissacáridos (LPS), flagelina e ácidos nucleicos dos microrganismos (micróbios/padrões moleculares associados a agentes patogénicos, MAMPs ou PAMPs) através de receptores de reconhecimento de padrões (PRRs) codificados na linha germinal, distribuídos na superfície celular, em compartimentos intracelulares ou segregados na corrente sanguínea e nos fluidos dos tecidos (Hoffmann et al.,1996). Existem três classes principais de PRRs, como os receptores do tipo toll (TLRs) que reconhecem o ligando na superfície extracelular ou no endossoma, os receptores do tipo NOD (NLRs) que funcionam como sensores citoplasmáticos e os receptores do tipo RIG I (RLRs) que reconhecem os vírus. Os TLRs são uma família de PRRs evolutivamente conservados desde o verme Caenorhabditis elegans até aos mamíferos, e detectam uma gama diversificada de PAMPs para iniciar uma resposta imunitária bem coordenada destinada a limitar ou eliminar os micróbios invasores (Medzhitov et al.,1997; Medzhitov, 2007). O LPS, um componente importante da membrana externa das bactérias Gram negativas, é reconhecido pelo TLR4 como ligando (Oshiumi et al., 2003).

Lisozima

A lisozima actua sobre a camada de peptidoglicano das paredes celulares bacterianas, resultando na lise das bactérias, pelo que é a resposta inata mais estudada nos peixes (Ellis, 1999), tendo sido encontrada no muco e nos óvulos, e a lisozima sérica, provavelmente proveniente de macrófagos peritoneais e neutrófilos do sangue, tem sido utilizada como indicador de uma resposta imunitária não específica. Fletcher, (1986) referiu que a resposta da lisozima nos peixes pode ser induzida muito rapidamente e não só relacionada com a presença de bactérias, mas também com outras situações de alarme, como após stress. A lisozima é uma enzima bacteriolítica que se encontra amplamente distribuída por todo o corpo e faz parte dos mecanismos de defesa não específicos da maioria dos animais. (Grinde et al., 1988; Lie et al., 1989). Aparentemente, as principais fontes de lisozima são os monócitos, os macrófagos e os neutrófilos. Por conseguinte, estudos recentes detectaram esta enzima nos grânulos das células granulares eosinofílicas do intestino, que inicialmente estavam associadas à defesa contra bactérias Grampositivas, mas que se verificou serem também capazes de lisar bactérias Gram-negativas (Sveinbjornsson et al., 1996; Magnadottir, 2006).

2.1.4. Vias de sinalização envolvidas na expressão genética

A combinação da interleucina 1β (IL1β), do interferão γ (IFN-γ) e do fator de necrose tumoral (TNF) induz apoptose nas células β. A IL1β ativa a proteína quinase activada por mitogénio (MAPK) e as vias do fator nuclear κB (NFκB), conduzindo à ativação da óxido nítrico sintase induzível (iNOS) e ao aumento do nitricóxido (NO), que, em última análise, induz a morte celular. O IFNγ sinaliza em grande parte através de uma via de sinalização mediada pela Janus quinase (JAK) - transdutor de sinal e ativador da transcrição (STAT), ao passo que o TNF ativa a proteína de domínio de morte associada à FAS (FADD) e as vias MAPK, que activam uma série de proteases de cisteína caspase (primeiro activam caspases iniciadoras, como a caspase 8 e a caspase 9, a que se segue a ativação de caspases executoras, como a caspase 3). Amedeo et al, (2015) relataram que foram descobertas pequenas moléculas para suprimir este processo, promovendo a viabilidade celular e a secreção de insulina. Os inibidores da histona desacetilase (HDAC) inibem a sinalização induzida pela IL1β através dos seus efeitos na via do NFκB. Os inibidores da glicogénio sintase quinase 3β (GSK3β) também suprimem a apoptose através da inibição de vários processos celulares, incluindo a ativação da quinase terminal JUN N (JNK) (Fig. 4).

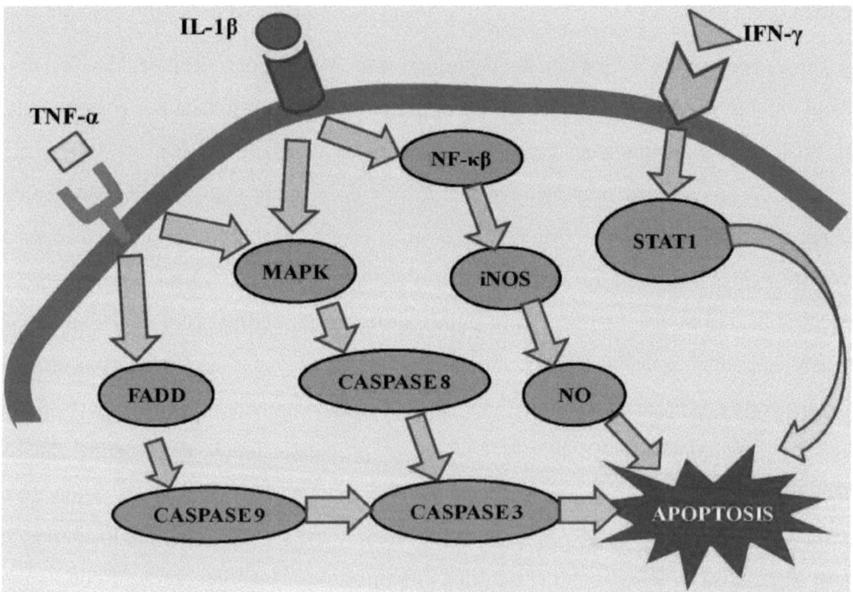

Fig.4. Vias de sinalização envolvidas na apoptose das células β induzida por citocinas.

2.2. Infecções fúngicas em peixes

O estudo das micoses dos peixes é de extrema importância, tanto do ponto de vista da gestão das pescas como para controlar a propagação de doenças humanas e animais. Existem muitos relatórios sobre fungos zoospóricos (Oomycetes) (Limburg et al., 2011). As infecções fúngicas em peixes são muito comuns e a maioria das infecções fúngicas são causadas por bolores aquáticos da família saprolegniaceae. A infeção por Saprolegnia nos peixes aparece como manchas brancas de algodão na superfície do corpo, levando à destruição das células da epiderme, da derme e da musculatura subjacente. A Saprolegnia diclina foi notificada como agente patogénico para peixes em (Perca fluviatilis L.) e (Rutilus rutilus L.), tendo sido notificados os fungos em causa. Verificou-se também que esta espécie está também associada a lesões necróticas em adultos de Catla catla, Cirrhinus mrigala, Colisa lalia, Labeo rohita, L.calbasu e Puntius sophore (Robert et al, 1993). Posteriormente, alguns outros trabalhadores registaram S. diclina em alguns peixes de água doce. C.batrachus foi registado como hospedeiro de S.ferax e S.parasitica, Aspergillus niger e Aspergillus fumigatus. Também foi registado que Saprolegnia spp. causa infeção no peixe-gato (Clarias garipenus). São muito raros os trabalhos sobre a patogenicidade destes fungos e a histologia de C.batrachus devido a uma infeção fúngica (Willoughby, 1994).

2.3. Imunoestimulante para peixes

2.3.1. Probióticos:

O termo "probiótico" foi usado pela primeira vez para denominar microrganismos que têm efeito sobre outros microrganismos (Lilly et al., 1965). Panigrahi et al. (2005) estudaram e relataram que o termo "probiótico" teve origem na palavra latina "pro" que significa "para" e na palavra grega "bios" que significa "vida". A definição mais conhecida de probióticos foi desenvolvida pela Organização das Nações Unidas para a Alimentação e a Agricultura (FAO), que os definiu como microrganismos vivos que, quando administrados em quantidades adequadas, conferem um benefício para a saúde do hospedeiro.

Se forem administrados a moluscos ou peixes em cultura intensiva, os probióticos podem melhorar a sua produção. Atualmente, as infecções virais e bacterianas são os problemas mais importantes na produção aquícola (Balcazar et al., 2006). Vine et al. (2006) relataram que os probióticos desempenham um papel importante através de diferentes mecanismos, tais como a produção de compostos inibitórios (bacteriocinas), competições por locais de adesão com microrganismos oportunistas e por nutrientes com outras bactérias e ajuda a melhorar o estado imunitário. Bactérias probióticas (Bactérias benéficas) são os termos sinónimos utilizados para bactérias probióticas Inclui bactérias fotossintéticas, Lactobacillus sp, Actinomicetes, Nitrobacteria, Bactérias desnitrificantes. Bifidobacterium, etc. Os probióticos podem ser compostos por muitos tipos diferentes de bactérias. Estes micróbios pertencem a Vibrionaceae, Pseudomonads, bactérias do ácido lático. Bacillus sp e leveduras (Gatesoupe, 1999). O principal objetivo da utilização de probióticos é manter ou restabelecer uma relação favorável entre microrganismos amigáveis e patogénicos que constituem a flora do muco intestinal ou da pele dos peixes. O antagonismo em relação aos agentes patogénicos é uma das propriedades importantes das bactérias probióticas (Gram et al., 1999; Ringo e Gatesoupe, 1998). Os probióticos têm um efeito imunomodulador e os microrganismos presentes nos probióticos interagem com as células epiteliais, as células dendríticas, os monócitos e os linfócitos A resposta primária é iniciada pelos receptores de reconhecimento de padrões (PRRs) que ligam os padrões moleculares associados aos agentes patogénicos (PAMPs). Trata-se de uma estrutura comum partilhada por todos os agentes patogénicos. Os TLRs (Toll-like recetor) são PRRs comuns que, quando interagem com as bactérias, transmitem sinais. Os probióticos formam ácidos orgânicos, como o ácido acético e o ácido lático, que têm propriedades antimicrobianas e inibem as bactérias Gram negativas, entrando na célula bacteriana e decompondo-a. O resultado é a diminuição do pH, o que acaba por matar o agente patogénico (Nayak, 2010). Os microrganismos presentes nos probióticos executam um mecanismo de exclusão competitiva no qual crescem vigorosamente e competem pelos locais receptores no trato intestinal mais do que os microrganismos patogénicos. Outros factores pelos quais os microrganismos patogénicos são mortos incluem a depleção de nutrientes e a secreção de substâncias antimicrobianas. Os probióticos interagem com as células epiteliais intestinais com a ajuda de vários determinantes de superfície através dos quais aderem às células epiteliais. Estas células segregam muco que impede a adesão do agente patogénico às células (Pandiyan et al.,2013). Os probióticos induzem a adesão ao muco e os seus meios de adesão de superfície ligam-se à camada mucosa. Uma vez que a barreira intestinal é um mecanismo de defesa importante, produz secreção mucosa, péptidos antimicrobianos, etc. Esta barreira tem de ser protegida, uma vez que a sua perturbação pode levar à inflamação. Os probióticos melhoram a barreira epitelial regulando a expressão dos genes envolvidos na sinalização das junções apertadas

(Sakai, 1999).

Os imunoestimulantes são aplicados de forma mais alargada e bem sucedida para melhorar o bem-estar, a saúde e a produção dos peixes. Facilitam a função das células fagocíticas, aumentam as suas actividades bactericidas e estimulam as células assassinas naturais, o sistema do complemento, a atividade da lisozima e a resposta dos anticorpos nos peixes e crustáceos, o que confere uma maior proteção contra as doenças infecciosas (Smith, 2003). Considera-se um potenciador das respostas imunitárias não específicas, juntamente com a melhoria da qualidade do ambiente aquático. São valiosos para o controlo das doenças dos peixes, pois reforçam os mecanismos de defesa específicos e não específicos. Aumentam a imunocompetência e a resistência dos peixes às doenças. Foram desenvolvidos muitos IS para melhorar a imunidade dos animais domésticos. Alguns imunoestimulantes (levamisol) melhoraram a atividade fagocítica e a atividade da mieloperoxidase nos neutrófilos, aumentaram o número de leucócitos e o nível sérico de lisozima (Aly, 2009). Os imunoestimulantes são frequentemente necessários para aumentar a eficácia das vacinas. São altamente dependentes dos receptores das células-alvo que as reconhecem como potenciais moléculas de alto risco e desencadeiam as vias de defesa. As suas vias de sinalização dos receptores toll-like (TLRs), um adaptador comum My88 (Myeloid differentiation fator 88) que foi caracterizado pela primeira vez como um componente essencial para a ativação da imunidade inata por todos os TLRs (TLR1-9) (Sahoo, 2007). Estimulam as citocinas pró-inflamatórias TNF-α, IL-1 e IL-6 e regulam a resposta de fase aguda com a produção de componentes do complemento, proteína C-reactiva, ceruloplasmina, metalotioneína, etc. Estas citocinas também aumentam a resposta epitelial aos agentes patogénicos e induzem a expressão de moléculas de adesão no endotélio vascular, aumentando a diapedese dos leucócitos (Sohn et al., 2000).

Os imunoestimulantes (IS) têm o potencial de elevar os mecanismos de defesa inatos dos peixes antes da exposição a um agente patogénico e de melhorar a sobrevivência após a exposição a agentes patogénicos específicos. São registadas as principais respostas in vivo e in vitro em peixes tratados com imunoestimulantes. A utilização de EI na prevenção de doenças em peixes é considerada uma área atractiva e promissora no domínio da aquicultura. Os EI representam um tratamento alternativo e complementar à vacinação. Têm também efeitos adicionais, como a melhoria do crescimento e o aumento das taxas de sobrevivência dos peixes sob stress. As espécies invasivas, como aditivos alimentares, provocaram um aumento da atividade respiratória extracelular, da fagocitose e da explosão extracelular dos leucócitos sanguíneos (Nevien, 2008).

2.3.1. Utilização de Bacillus como probióticos:

As espécies de Bacillus são amplamente utilizadas como probióticos, mas o seu interesse científico como probiótico aumentou nos últimos 15 anos. As várias espécies que têm sido mais extensivamente examinadas são Bacillus subtilis, Bacillus clausii, Bacillus cereus, Bacillus coagulans e Bacillus licheniformis (Yang et al., 2010). O facto de os esporos serem estáveis ao calor tem várias vantagens em relação a outros não esporos, como Lactobacillus spp. Outra vantagem é o facto de o esporo ser capaz de sobreviver ao pH baixo da barreira gástrica, o que não acontece com todas as espécies de Lactobacillus (Aly et al., 2008). Foi demonstrado que as três espécies, B. subtilis, B. licheniformis e B. flexus, promovem a proliferação ativa de linfócitos nas placas de Peyer e a produção de citocinas nos gânglios linfáticos mesentéricos (MLN) (IL-1a, IL-5, IL-6, IFN-γ e TNF-α) e no baço (IFN-γ e TNF-α). O mesmo estudo também demonstrou que B. subtilis interage com receptores do tipo Toll (TLR). Rengpipat, (2003) referiu que as células vegetativas de B. subtilis demonstraram aumentar a expressão de TLR2 e TLR4. As bactérias do género Bacillus podem desempenhar um papel importante no intestino devido à sua elevada atividade metabólica. A atividade dos Bacillus é largamente determinada pela sua capacidade de produzir antibióticos. Foram identificados 795 antibióticos a partir de bactérias do género Bacillus. A espécie mais produtiva é a B. subtilis, que dedica 4-5% do genoma à síntese de antibióticos e produz 66 antibióticos (Westers, 2004). Nicholson, (2004) referiu que os antibióticos de Bacillus diferem na estrutura e no espetro de atividade e que a maioria dos antibióticos produzidos por bacilos são péptidos. Ivanova, (1999) referiu que a produção de enzimas líticas também pode contribuir para a atividade antimicrobiana das bactérias Bacillus, como a enzima lítica de B. subtilis YU-1432, que foi eficaz contra Porphyromonas gingivalis, que causa a doença periodontal. A enzima fibrinolítica, produzida por B. vallismortis, mostrou uma elevada eficácia na lise de mutantes de Streptococcus. É conhecida a elevada atividade amilolítica dos bacilos com a produção de enzimas resistentes ao ácido. Stein, (2005) relatou que as enzimas pectinolíticas isoladas de Bacillus sp. (B. subtilis) e algumas estirpes têm atividade lipolítica e celulolítica. As enzimas proteolíticas de Bacillus estimulam os processos de regeneração e aumentam a atividade fibrinolítica no plasma, mesmo após administração oral. As suas enzimas proteolíticas contribuem para uma digestão normal através da degradação dos factores anti-nutricionais e dos compostos alergénicos. Para além disso, as suas enzimas também estimulam a microflora normal do intestino. Por conseguinte, a subtilisina e a catalase, por ele produzidas, aumentam o crescimento e a viabilidade dos lactobacilos. Verificou-se que as enzimas de Bacillus são activas em células vivas e mortas. Os bacilos produzem vários aminoácidos, incluindo os essenciais, e algumas estirpes degradam o colesterol in vitro. Reduzem o colesterol plasmático das lipoproteínas de baixa densidade, o colesterol total hepático e os triglicéridos após administração oral em estudos com animais (Lee, 2011).

2.3.3. Utilização de Saccharomyces boulardii como probiótico

A levedura, principalmente Saccharomyces boulardii, pertence ao grupo das células eucarióticas simples e tem sido amplamente estudada pelos seus efeitos probióticos e a sua atividade clínica é especialmente relevante para a diarreia associada a antibióticos e infecções intestinais recorrentes por Clostridium difficile (Szajewska et al., 2006; Gareau et al., 2010; McFarland, 2010). O grupo de investigação de Gareau et al. (2010) estudou experimentalmente e demonstrou claramente que S. boulardii tem propriedades probióticas específicas. É utilizado por muitos países como agente preventivo e terapêutico para a diarreia e outros distúrbios gastrointestinais causados pela administração de agentes antimicrobianos. Além disso, tem várias propriedades que mostram que é um agente probiótico potencial, ou seja, sobrevive ao trânsito através do trato gastrointestinal, a sua temperatura óptima é de 37^0 C, tanto in vitro como in vivo, e inibe o crescimento de vários agentes patogénicos microbianos (Szajewska et al., 2006). Foram identificados vários mecanismos de ação dirigidos tanto contra o hospedeiro como contra os microrganismos patogénicos e incluem a regulação da homeostase microbiana intestinal, a interferência com a capacidade de os agentes patogénicos colonizarem e infectarem a mucosa, a modulação das respostas imunitárias locais e sistémicas, a estabilização da função de barreira gastrointestinal e a indução da atividade enzimática que favorece a absorção e a nutrição (Czerucka et al., 2007; Pothoulakis, 2009). Ali e Jauncey, (2005) relataram que uma caraterística comparativamente simples de cultura com conversão alimentar eficiente e excelente perfil nutricional torna Clarias muito adequado para a cultura intensiva comercial. C.batrachus tem sido propagado em toda a Ásia a partir da Tailândia e da Indonésia (Java). Os estudos pormenorizados sobre a fisiologia, a genética e a biologia geral são, por conseguinte, numa espécie de peixe, muito relevantes para a elaboração de protocolos de conservação e para propor novas e melhores práticas de cultura. De acordo com as estimativas da FAO, a procura de peixes-gato em todo o mundo está a aumentar e Clarias batrachus, com os seus vários aspectos benéficos, continua a ser um sucesso entre os asiáticos em particular.

A aquicultura intensiva de C. batrachus nas massas de água rurais, com muito poucas infra-estruturas, pode levar ao desenvolvimento socioeconómico em muitas partes de Bengala e do Nordeste da Índia. A coordenação entre os organismos governamentais no que respeita à melhoria das competências dos trabalhadores, à regulação do mercado, etc., juntamente com a comunidade científica que assegura a entrega atempada de sementes de melhor qualidade, gerará histórias de sucesso na cultura intensiva de Clarias batrachus. Os organismos e organizações governamentais devem avançar para a formação dos jovens e mulheres rurais desempregados para o desenvolvimento dos recursos humanos e o aumento da destreza relacionada com o saber-fazer técnico da cultura e da gestão das doenças. Os bancos rurais regionais e os organismos agro-financeiros podem ser contactados para satisfazer as necessidades de capital e a governação local dos Panchayats pode conceder ajuda financeira aos empresários rurais.

3. Material e métodos

3.1. Espécies de peixes

O peixe-gato indiano, Clarius batracus, foi utilizado como espécie de ensaio. Os peixes foram obtidos no mercado local Fish Farm, Lucknow, U.P.

3.2. Sistema de cultura

Os peixes foram cultivados em sistemas de recirculação. Os sistemas de aquacultura de recirculação são sistemas interiores, baseados em tanques, nos quais os peixes são cultivados em condições controladas. Foi utilizado um número adequado de réplicas para ambas as condições de cultura. Cada sistema de recirculação é composto por oito aquários de vidro (10 cada) que contêm peixes. Os parâmetros de qualidade da água, como a temperatura, o pH e o oxigénio dissolvido, foram monitorizados regularmente.

3.3. Cultura probiótica

A cultura probiótica foi obtida no Departamento de Microbiologia da Universidade Nacional de Reabilitação Dr. Shakuntala Misra, Lucknow. Existem três culturas de probióticos, nomeadamente OB, S2 e 44-A. Estes probióticos são cultivados para obter colónias puras de microrganismos que ajudam na identificação dos probióticos. A cultura OB é semeada em meio Nutrient Agar e é incubada a 32°C durante 24-48 horas (Fig.6). Depois disso, a cultura S-2 é semeada em meio Sabouraud Dextrose Agar (SDA) e incubada a 37°C durante 24-48 horas (Fig. 7). Da mesma forma, a cultura 44-A também é semeada em SDA e incubada a 37°C durante 24-48 horas (Fig. 8). Para a confirmação dos resultados, procede-se à coloração de Gram. O procedimento para a coloração de Gram é o seguinte. A lâmina com o esfregaço fixado pelo calor é corada com violeta de cristal durante um minuto. A lâmina é cuidadosamente lavada com água da torneira. Em seguida, o esfregaço é corado com iodo durante um minuto. De seguida, descolora-se com álcool etílico, gota a gota, durante 5 a 10 segundos. De seguida, é imediatamente lavado com água. O esfregaço é então contra-corado com safranina durante 45 minutos. A lâmina é novamente lavada com água. O esfregaço é então observado num microscópio ótico de imersão em óleo.

3.4. Preparação de regimes alimentares

As dietas experimentais e de controlo (contendo 40% de proteínas) foram preparadas utilizando peixe seco, farinha de trigo, pré-mistura de vitaminas e minerais e óleo de fígado de bacalhau (Quadro 1). As dietas de teste foram preparadas com três probióticos. O peixe foi bem seco, moído numa trituradora e peneirado (tamanho da malha: 500 μ). A farinha de peixe foi misturada cuidadosamente com farinha de trigo, pré-mistura de vitaminas e minerais e diferentes doses de probióticos. Adicionou-se óleo de fígado de bacalhau e misturou-se bem para que todos os ingredientes fossem espalhados de forma homogénea. Em seguida, adicionou-se água morna na quantidade necessária para a formação da massa. A massa preparada foi passada através de uma máquina de fazer massa com um molde de 1 mm. O fio formado foi colocado num tabuleiro e mantido num secador de alimentos. Os fios secos foram cortados em pequenos pedaços com um misturador e passados por uma peneira para obter um tamanho de partícula homogéneo. A dieta foi armazenada a -20°C até à sua utilização. A dieta de controlo foi preparada com os mesmos ingredientes, exceto os probióticos.

Fig.5 Alimento probiótico utilizado na experiência.

Tabela.1. Composição das dietas experimentais e de controlo.

Ingredientes (g/Kg de dieta)	Dietas			Dieta de controlo
	Dieta de ensaio (%probióticos)		44A	
	OB	S2		
Pó de peixe seco	583.3	583.3	583.3	583.3
Farinha de trigo	397.7	397.7	397.7	402.7
Óleo de fígado de	10.0	10.0	10.0	10.0

Pré-mistura de vitaminas e minerais	4.0	4.0	4.0	4.0
Probióticos	5.0	5.0	5.0	0

3.5. Preparação de agentes patogénicos e desafio dos peixes

Para a preparação do agente patogénico, é utilizada uma cultura pura de Aspergillus fumigatus. O fungo é colhido com a ajuda de varas de esfregaço e dissolvido em água destilada. A disposição do frasco é feita de forma a que apenas os esporos sejam dissolvidos em água destilada e não os micélios. Para o efeito, fecha-se a boca do frasco com um tampão de algodão, no qual se introduz um tubo de ensaio com um orifício no fundo. O fundo do tubo de ensaio também tem uma pequena bola de algodão que impede os micélios de descerem, confirmando a passagem dos esporos. Com a ajuda de um bastão de esfregaço, o fungo é vertido na boca do tubo de ensaio, ficando os micélios no fundo do tubo de ensaio e os esporos são filtrados e recolhidos no frasco que contém água destilada. Os esporos de Aspergillus fumigatus dissolvidos em água destilada são utilizados para a provocação intraperitoneal com a ajuda de uma seringa estéril de 1 ml.

3.6. Recolha de amostras de tecidos

Para o estudo da expressão génica, no dia 0, no dia 5 e no dia 10, o fígado foi recolhido assepticamente de cada peixe. As amostras foram armazenadas em água de RNA a -20°C até à extração do RNA.

3.7. Estudo da expressão de genes relacionados com a imunidade

3.7.1. Síntese da primeira cadeia de cDNA, PCR e análise da expressão

O ARN total foi extraído com 50-100 mg de tecido hepático utilizando o reagente TRI. A concentração do ácido nucleico na amostra foi quantificada através da medição da absorvância a 260 nm utilizando um espetrofotómetro. A pureza das amostras foi verificada através da medição do rácio OD 260 nm/OD 280 nm. Apenas as amostras com um rácio de DO de 1,8-2,0 foram utilizadas para a síntese de cDNA.

O RNA total (2 µg) foi usado para a síntese da primeira cadeia de cDNA usando o kit RT-PCR em termociclador. O ARN foi incubado com 1 µl de hexâmero aleatório (2,5 µM) a 80°C durante 5 minutos, seguido de 4°C durante 5 minutos para permitir que os primers se ligassem ao ARN, após o que os seguintes componentes foram adicionados à reação por ordem: 2 µl de tampão 10X MMLV-RT, 1 µl de inibidor de RNase (40 U/ml), 1 µl 10mM dNTPs, 5 µl de água DEPC e 1,0 µl de enzima RT. Os reagentes foram misturados suavemente e incubados em ordem, 1 h a 42°C, 10 min a 70°C e o cDNA sintetizado foi armazenado a 4°C para uso posterior. O gene de controlo interno expresso constitutivamente, β-actina, foi utilizado como controlo positivo e para a normalização das amostras. Foram estudados os tamanhos dos produtos amplificados e as sequências dos iniciadores utilizados para a β-actina, o TNFα e a IL-1β (Tabela 2). Cada reação de PCR consistiu em 13,1 µl de dH_2O, 2 µl de tampão de PCR 10X, 0,5 µl de dNTPs 10 mM, 1,5 µl de MgCl2, 0,2 µl (10 pmol) de cada um dos primers forward e reverse, seguido de 0,5 µl (1,5) de DNA polimerase e 2 µl de cDNA. O perfil de amplificação foi: 95°C durante 3 min, seguido de 30 ciclos de desnaturação durante 45 seg. a 94°C, temperatura de recozimento apropriada durante 45 seg. e extensão a 72°C durante 45 seg., seguido de uma extensão final durante 10 min. a 72°C. Os produtos de PCR gerados foram analisados por eletroforese em gel de agarose a 2,0%. Os níveis relativos de expressão de cada gene foram analisados por densitometria utilizando o Gel DOC.

Tabela 2. Primers utilizados neste estudo e respectivas temperaturas óptimas de recozimento e tamanhos dos amplicons de PCR.

Genes alvo	Nome do iniciador	Sequência do iniciador (5' a 3')	Temperatura óptima de recozimento (°C)	Tamanho do amplicon PCR (pb)	N.º de acesso do gene alvo
TNFα	TNF-α FW	GTGATGAAGCCAAACGAAG	66	188	NM_001024447
	TNF-α RW	CTTGGAGCCGTCTTTGATCT			
IL-1β	IL-1β- FW	cATccAcGcAcAATGAAGcAT	63	280	KP057877
	IL-1β-	GAcAAcGAcccAAccTTGcAT			

	RW				
β-Actin a	β-Actina FW	AGACCACCTTCAACTCCATCATG	68	N.S.	N.S.
	β-Actina RW	CCGATCCAGACAGAGTATTTACG			

4. Resultados e discussão

4.1. Identificação de culturas probióticas

As três culturas probióticasOB, S2, 44-A apresentam os seguintes resultados após estriagem e coloração de Gram.

4.1.1. Cultura OB

A cultura de OB mostra colónias brancas e rugosas. A coloração de Gram da cultura de OB mostra bactérias gram positivas em forma de bastonete. Esta é a caraterística das espécies de Bacillus. Isto mostra que a cultura probiótica de OB tem espécies de Bacillus.

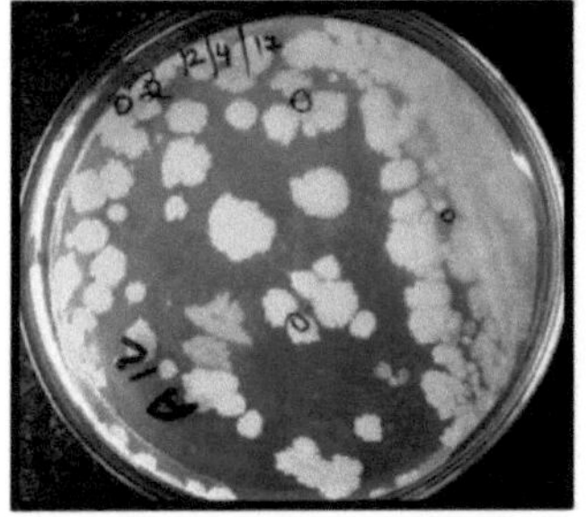
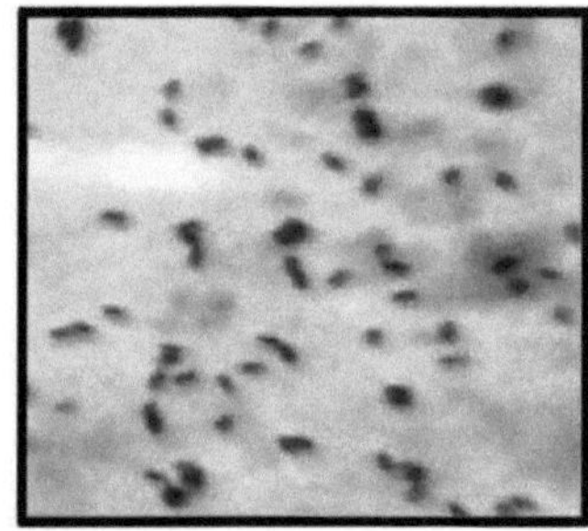

Fig. 6 (a): Colónias brancas e rugosasFig6   (b): Forma de bastonete Gram positivo

4.1.2. Cultura S2

A cultura S2 apresenta colónias planas, redondas e lisas. A coloração de Gram da cultura S2 resulta em gram positivo. A cultura probiótica S2 é Sacchromyces boulardii.

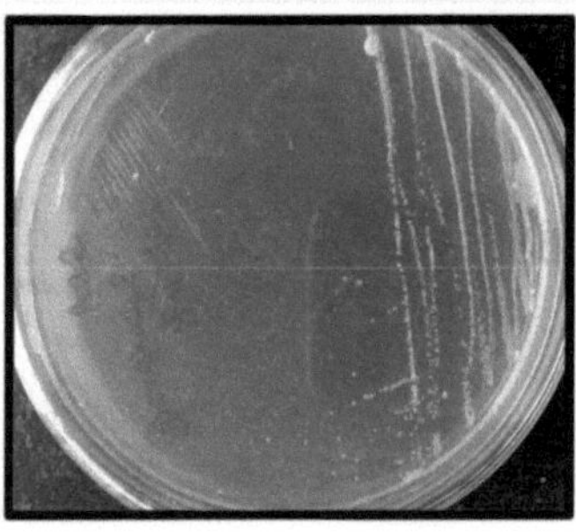
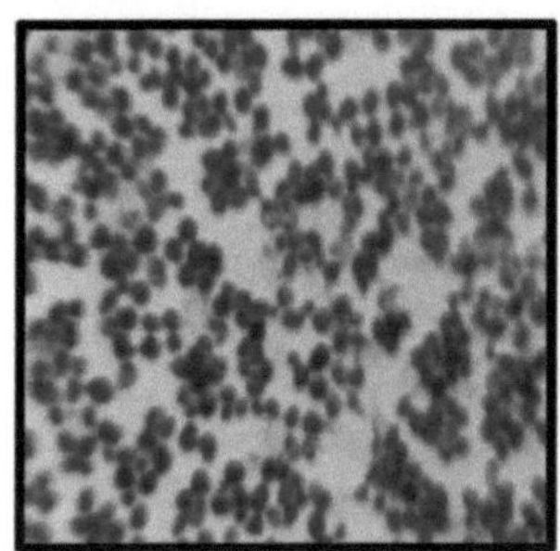

Fig 7 (a): Colónias planas e lisásFigura   7 (b): Cultura de   S. boulardii

4.1.3. 44-A Cultura

A cultura 44-A mostra colónias redondas, brancas e lisas. A coloração de Gram mostra gram positivo.

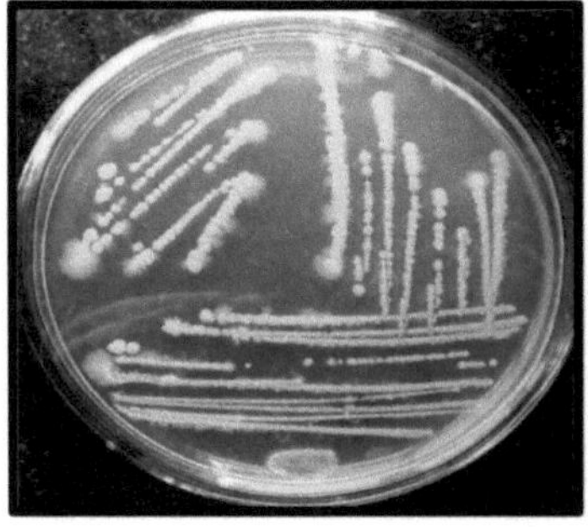 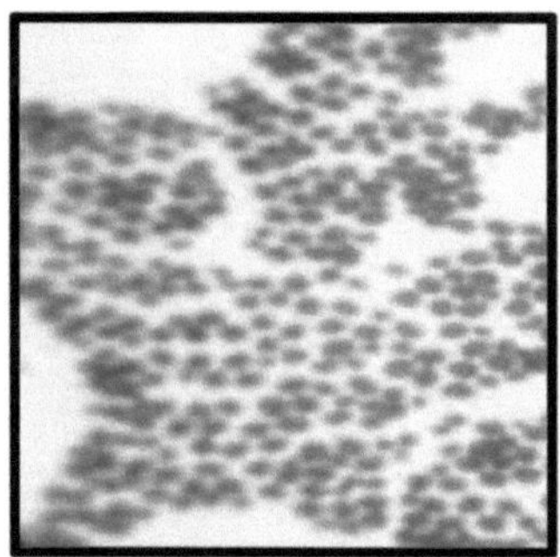

Fig. 8 (a): Colónias redondas e lisasFig8   (b): Isolado de levedura

Para compreender a resposta imunitária de três probióticos (OB, S2 e 44A) alimentados com uma dieta suplementada com C. *batrachus* antes e depois de serem desafiados com *Aspergillus fumigatus,* a expressão de genes que codificam a citocina pró-inflamatória TNF-α e IL-lβ desempenha um papel no início da resposta inflamatória e na regulação da defesa do hospedeiro contra agentes patogénicos que medeiam a resposta imunitária inata. Algumas citocinas inflamatórias têm funções adicionais, tais como atuar como factores de crescimento (Zhang e An, 2007). Ambas as citocinas pró-inflamatórias IL-1β e TNF-α também desencadeiam dor patológica. A IL-1β é libertada por monócitos e macrófagos. O TNF-α é uma citocina pró-inflamatória bem conhecida, presente nos neurónios e na glia. O TNF-α está frequentemente envolvido em diferentes vias de sinalização para regular a apoptose nas células. A produção crónica excessiva de citocinas inflamatórias contribui para doenças inflamatórias (Scarpioni *et al.,* 2016). A análise do gel de TNF-α no dia 0, no dia 5 (não desafiado) e no dia 10 (após desafiado) foi mostrada na Fig. 9a.

Além disso, a quantificação densitométrica destes dois genes em relação à β-actina foi comparada no fígado de C. *batrachus.* No fígado, a expressão do gene TNF-α foi aumentada em todos os grupos alimentados com dietas suplementadas com probióticos no dia 5 em comparação com o grupo de controlo (dia 0). No dia 10, após o desafio com *Aspeegillus fumigatus,* a expressão do gene TNF-α em todos os grupos alimentados com probiótico aumentou em comparação com os peixes do grupo alimentado no dia 5 e com os peixes do grupo alimentado no dia 0 (Fig. 9b).

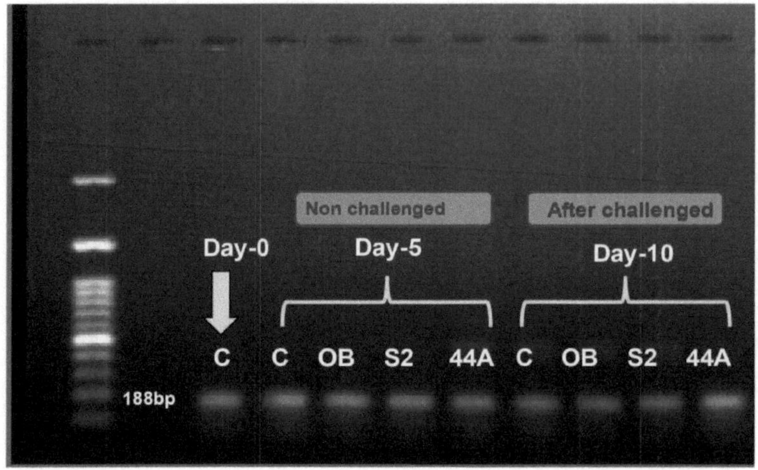

Fig.9a. Análise em gel do TNF-alfa no fígado de Clarius *batrachus*.

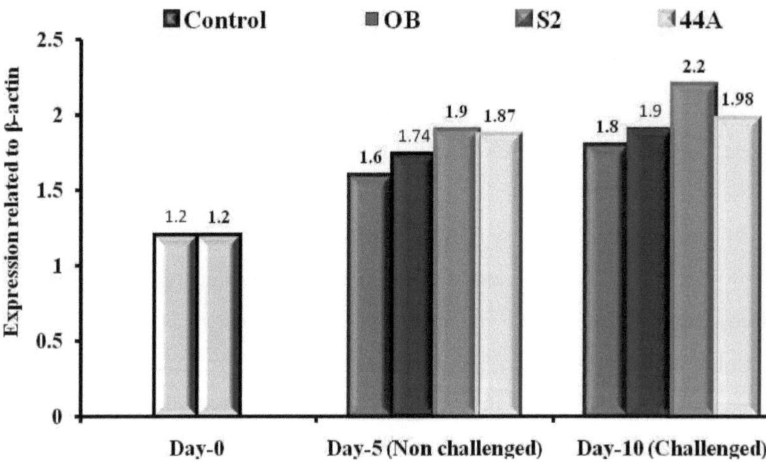

Fig. 9b. Padrão de expressão do gene semelhante ao TNF-α em relação à β-actina no fígado de Clarius batrachus.

A análise do gel de outra citocina pró-inflamatória, a interleucina 1 beta (IL1β), também conhecida como pirogénio leucocitário, mediador endógeno leucocitário, fator de células mononucleares, fator de ativação de linfócitos, foi apresentada na Fig. 10a. A IL-1β é *um* membro da família de citocinas da interleucina 1. Esta citocina é produzida por macrófagos activados como uma proproteína, que é processada proteoliticamente para a sua forma ativa pela caspase 1 (CASP1/ICE). Esta citocina é um importante mediador da resposta inflamatória e está envolvida numa variedade de actividades celulares, incluindo a proliferação, a diferenciação e a apoptose celulares (Masters *et al.*, 2009).

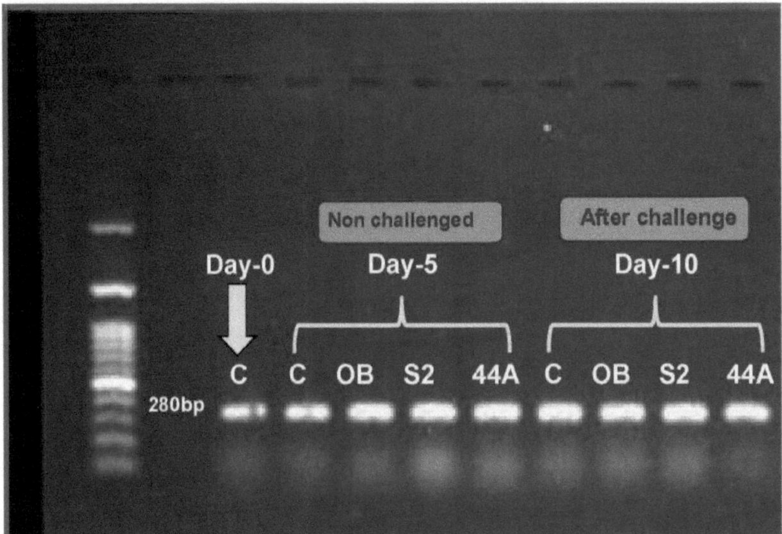

Fig.10a. Análise do gel do gene IL-1β no fígado de *Clarias batrachus*

A quantificação densitométrica do gene IL-1β em relação à β-actina foi comparada no fígado de C. *batrachus*. No fígado, a expressão do gene IL-1β foi aumentada em todos os grupos alimentados com dietas suplementadas com probióticos no dia 5 (não desafiado) e no dia 10 (após desafiado) em comparação com o grupo de controlo (dia 0). No dia 10, após o desafio com Aspergillus fumigatus, a expressão do gene IL-1β em todos os grupos alimentados com probióticos foi reduzida, exceto S2 e 44-A, em comparação com os peixes do grupo alimentado no dia 5 e do grupo alimentado no dia 0 (Fig. 10b).

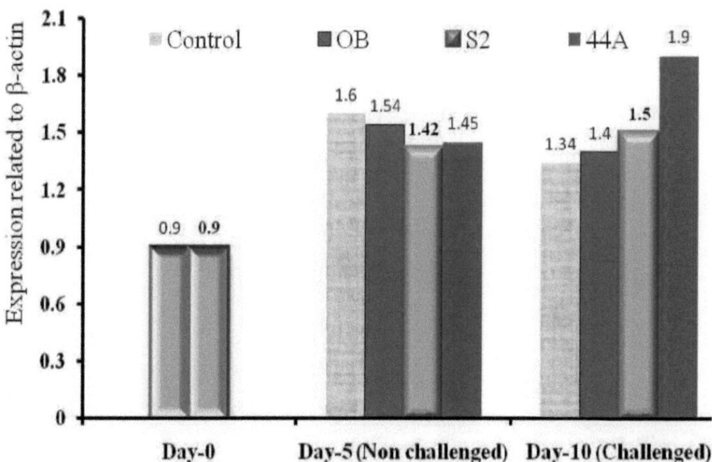

Fig.10b. Análise em gel do padrão de expressão do gene semelhante a IL-1β em relação à β-actina

Por conseguinte, foi encontrada uma relação direta entre a dose de probióticos na dieta e a expressão do gene IL-1β no fígado (Fig. 2b). Não houve diferença significativa na expressão de IL-1β no dia 5 e no dia 10 (desafiado) em peixes alimentados com probióticos. Depois de desafiado (dia 10) com Aspergillus fumigatus, o seu nível foi ligeiramente superior na dieta de probióticos S2 e 44-A alimentada com Clarius batrachus durante todo o período de estudo.

A estimulação dos mecanismos de defesa não específicos do hospedeiro através de compostos biológicos específicos, designados por imunoestimulantes, aumenta a resistência à doença. O sistema imunitário inato, que inclui barreiras físicas e componentes celulares e humorais, serve como arma de defesa nos peixes. As bactérias vivas, como os probióticos, actuam como alternativas aos antibióticos e produtos químicos e funcionam como moléculas de alarme para ativar o sistema imunitário. Os efeitos benéficos dos probióticos como imunoestimulantes já foram estudados em vários peixes de água doce (e.g. *Laheo rollila , Oreochromis Iiilolinus.* e *Oncorhynchus mykiss.* O presente estudo é o primeiro a avaliar e comparar o potencial dos probióticos, nomeadamente Bacillus sp., Sacchromyces boulardii e leveduras, como imunoestimulantes em *Cltarius Watrachus.* O presente estudo foi efectuado para determinar os efeitos imunomoduladores dos probióticos. Os resultados demonstraram claramente que a alimentação com probióticos melhora significativamente o perfil de expressão genética de citocinas pró-inflamatórias de TNF-α e IL-1β após um desafio com *Aspsrgillus pumigatus. Bacillcc sp. , Sacchromyces boulardii* e levedura induzem a produção de citocinas pró-inflamatórias. É, portanto, provável que os probióticos modulem o sistema imunitário do hospedeiro através destas moléculas, mas o seu mecanismo molecular subjacente à imunomodulação induzida pelos probióticos precisa de ser mais investigado. Os resultados do presente estudo mostraram que a expressão hepática de TNF-α e IL-1β induzida por probióticos produz efeitos pró-inflamatórios. O TNF-α é secretado principalmente por macrófagos activados e é um importante estimulador do sistema imunitário inato, incluindo a imunidade dos neutrófilos. As vantagens e os efeitos dos probióticos têm sido estudados há muito tempo em muitos modelos animais diferentes, incluindo peixes de aquacultura. A alimentação de peixes em aquacultura com probióticos pode compensar os efeitos imunológicos negativos causados por várias doenças infecciosas. Os resultados do presente estudo podem indicar que o perfil de expressão genética do TNF-α e da IL-1β pela inclusão de diferentes estirpes de probióticos foi melhor do que o do controlo, conduzindo a um melhor sistema imunitário do *Clarius batrachus*. Outro benefício mais comummente alegado dos probióticos é o efeito de promoção da saúde, que tem sido bem investigado. Também se deve investigar as interacções entre probióticos e agentes patogénicos no trato digestivo dos peixes, bem como as reacções endógenas importantes e as interacções, isolando células intestinais de peixes-gato alimentados com probióticos e avaliando a expressão de receptores de reconhecimento de padrões e proteínas antimicrobianas imuno-activadores ou imuno-reguladores.

Por conseguinte, os nossos resultados indicam que a ligação ao recetor e a subsequente ativação do sinal da IL-I β e do TNF-α são essenciais para as respostas imunitárias e pró-inflamatórias, que desempenham um papel central na coordenação das respostas imunitárias e pró-inflamatórias do hospedeiro, tendo sido demonstrado que aumentam a produção de moléculas relacionadas com o sistema imunitário, por exemplo, adrenocorticotropina, citocinas e quimiocinas.

5. Conclusão

O peixe tornou-se uma das principais indústrias de aquacultura. Em condições naturais, os peixes consomem uma maior variedade de alimentos do que os peixes cultivados. O surto de doenças é *o* fator limitante que impede o desenvolvimento da indústria piscícola. Os peixes recorrem a mecanismos específicos e não específicos para se protegerem contra agentes patogénicos invasores. A resposta imunitária inata ou não específica é a primeira linha de mecanismos de defesa e inclui componentes celulares e humorais através dos quais desempenham funções de proteção. Além disso, os peixes também possuem barreiras anatómicas como a pele e o muco para se protegerem dos agentes patogénicos. O presente estudo fornece informações sobre a expressão genética induzida por diferentes probióticos em peixes. Desregularam a expressão de TNF-α no fígado. A regulação positiva do TNF-α leva à regulação das respostas imunitárias através da regulação da morte e sobrevivência celular. É capaz de induzir a sobrevivência, a proliferação e a diferenciação celulares, bem como a morte de células apoptóticas e necróticas em determinadas condições. Verificou-se uma regulação ascendente de IL-lβ no fígado após a suplementação de leveduras como probióticos, mas verificou-se uma regulação descendente de IL-Iβ após a suplementação de bacilos como probióticos. A regulação positiva da IL-lβ também induz a proliferação, diferenciação e apoptose das células. É um mediador chave na resposta inflamatória. Assim, os probióticos podem modular eficazmente a produção de citocinas pró-inflamatórias. A ativação das funções imunológicas pelos probióticos está associada a uma maior proteção contra doenças infecciosas e não infecciosas. Além disso, o modo de ação dos probióticos, especialmente a modulação das respostas imunitárias do hospedeiro e a resistência às doenças, necessita de mais investigações no futuro. Por conseguinte, a fim de melhorar a aquicultura, é necessário realizar mais trabalhos sobre a natureza exacta da resposta imunitária humoral inata ou celular e determinar a vida probiótica protetora das bactérias. Finalmente, esta dissertação propõe uma perspetiva a longo prazo de suplementos alimentares naturais probióticos que podem ser utilizados como controlo estratégico de doenças em aquacultura.

6. Referências

Alexander JB e Ingram GA (1992) Noncellular nonspecific defense mechanisms of fish. *Annual Review of Fish Disease,* 2: 249-279.

Ali MZ, Jauncey K (2005) Approaches to optimizing dietary protein to energy ratio for African catfish, *('Niutis gariepinas. equaculture Nutrition,* 11:95-101.

Aly SM (2009) Probióticos e aquacultura. CJIB *Reviews: Perspectivas em NaricaltuRe, VeteriaaiR Science Nutrition Nid Natural Resources,* 4(074): 1-16.

Aly SM, Abdel-Galil Ahmed Y, Abdel-Aziz Ghareeb A, Mohamed MF (2008) Estudos sobre *LactUbs LtlctiOis* e *Lactobacillus acidophilus,* como potenciais probióticos, sobre a resposta imunitária e a resistência da Tilapia nilotica *(Oreochromis nilotichs)* a infecções de desafio. *Fish and Sh3llfish Immunology,* 25:128-136.

Amedeo Vetere A, Choudhary A, BurnsSM, Wagner BK (2015) Visando a célula β pancreática para tratar o diabetes. *Nature Reviews Drug Discovery* -DOI: 10.1038/nrd4231.

Anderson JL (2002) Aquaculture and the future, *Marine Resource Economics,* 17: 133-152.

Aranishi F, Nakane M (1997) Epidermal proteases of the Japanese eel. *Fish Physiology and Biochemistry,* 16, 471-478.

Asche F (2008) Farming the sea, *Marine Resource Economics,* 23: 527-547.

Balasubramanian G, Sarathi M, Venkatesan C, Thomas J e Sahul Hameed A S (2008) Estudos sobre o efeito imunomodulador do extrato de Cyanodon dactylon no camarão, *Penaeus monodon,* e a sua eficácia na proteção do camarão contra o vírus da síndrome da mancha branca (WSSV). *Fish and Shellfish Immunology,* 25:820-828.

Balcazar JL, Bias Id, Ruiz-Zarzuela I, Cunningham D, Vendrell D, Muzquiz JL (2006) The role of probiotics in aquaculture. *Veterinary Microbiology,* 114:173-186.

Bayne CJ (2003) Co-evolução da imunidade inata e adaptativa. *Integrative and Comparative Biology,* 43: 291-299.

Boshra H, Li J, Sunyer JO (2006) Recent advances on the complement system ofteleost fish, *Fish ayd gyellfish Bymunology,* 20: 239-262.

Bostock J, McAndrew B, Richards R, Jauncey K, Telfer T, Lorenzen K, Comer R (2010) Aquaculture: Global status and trends, Philos. Trans. R. Soc. B 365: 2897-2912.

Cerezuela R, Meseguer J, Esteban, MA (2011) Conhecimentos actuais sobre a utilização de simbióticos na aquacultura de peixes: Uma revisão. *Revista de Desenvolvimento da Investigação Aquática,* SI: 008.

Cerezuela, R, Francisco A, Cuesta A,ce. Esteban MA (2016) Enriquecimento da dieta da dourada *(Sparus aurata* L.) com extractos de frutos de palma e probióticos: Efeitos na imunidade da mucosa da pele. *Fish & Shellfish Immunologi.* 49: 100-109.

Chakrabarti R, Srivastava P K, Verma N e Sharma J G (2014) Efeito das sementes de *cchlan>hhe s aspera* nas respostas imunitárias e na expressão de alguns genes relacionados com a imunidade na carpa *Catla catla. Imunologia de peixes e mariscos* 41:64-69.

Chauhan R e Qureshi TA (1994) Host range studies of Saprolegnia ferax and *SIhypogyana* . *Journal of the Inland Fisheries Society of India,* 26: 99106.

Czerucka D, Piche T, Rampai P (2007) Artigo de revisão: Levedura como probiótico - *Sacchromyces boulardii. Alimentary Pharmacnlogy and Therapeutics,* 1365-2036.

Dalmo RA, Ingebrightsen K e Bogwald J (1997) Non-specific defense mechanisms in fish, with particular reference to the reticuloendothelial system (RES). *JFurnal of Fish Disease,* 20: 241273.

Danneving BH, Lauve A, Press C, Landsverk T (1994) Recetor-mediated endocytosis and phagocytosis by rainbow trout head kidney sinusoidal cells. *Fish ahdShellfisO Immunology,* 1994, 4: 3-18.

Davis K L, Martin E, Turko I V e Murad F (2001) Novel effects of nitric oxide. *Aoaual Roviiem of Pharmacolo,gy and Toxicology,* 41: 203-236.

Delgado CL, Wada N, Rosengrant MW, Meijer S, Ahmed M, Fish (2020) Supply and Demand in Changing Global Market, IFPRI, Washington, DC, 2003.

Ellis A E (1977) The leucocytes of fish: a review. *Journal of Fish Biology,* 11: 453-491.

Ellis A E (1988) Optimizing factors in fish vaccination (Factores de otimização na vacinação de peixes). In: *Fish Vaccination* (ed. Ellis A E), 32-46. Academic Press, Londres.

Ellis A E (1999) Immunity to bacteria in fish. *Fish and Shellfish Immunology.* 9: 291-308.

Ellis A E (1999) Immunity to bacteria in fish. *Fish and Shellfish Immunology.* 9: 291-308.

Ellis A E (2001) The immunology of teleosts. In: Fish Pathology. 3rd edn (ed. Roberts RJ)

133-150. W.B., Sunders, Londres.

Ellis AE (1999) Immunity to bacteria in fish. *Fish and Shdlfisih Immunology,* 9:291-308.

Espenes A, Press C, Danneving BH, Landsverk T (1995) immune-complex trapping in the splenic ellipsoids of rainbow trout *(Oncorhynchus mykiss). Cell and Tissue Research,* 282: 41-48.

Fange R (1986) Physiology of haemopoiesis. Em "Fish Physiology: Recent Advances" (eds por Nilsson S, Holmgren S), Croom Helm, Londres, pp.1-23.

FAO - Organização das Nações Unidas para a Alimentação e a Agricultura (2014) The state of world fisheries and aquaculture, Roma.

FAO - Organização das Nações Unidas para a Alimentação e a Agricultura (2011), Departamento de Pescas e Aquicultura, Estatísticas da produção aquícola mundial para o ano.

FAO - Organização das Nações Unidas para a Alimentação e a Agricultura. Roma: FishstatJ -Universal Software for Fishery Statistical Time Series. Total Fishery, Capture and Aquaculture Production 1950-2013.

FAO - Organização das Nações Unidas para a Alimentação e a Agricultura. Roma: FishstatJ -Universal Software for Fishery Statistical Time Series. Total Fishery, Capture and Aquaculture Production 1950-2013.

FAO, 2016. O estado da pesca e da aquicultura no mundo. Contribuindo para a segurança alimentar e a nutrição para todos.

FAO/WHO , 2001. Propriedades nutricionais e de saúde dos probióticos nos alimentos, incluindo leite em pó com bactérias vivas do ácido lático. Relatório de Consulta de Peritos da Organização das Nações Unidas para a Alimentação e Agricultura e da Organização Mundial de Saúde.

Firoz, Mehdi, Hamidreza (2011) Fungos de água doce isolados de ovos e reprodutores com ênfase em Saprolegnia em fetos de truta arco-íris no oeste do Irão, N⁄rzca √ozzrzza/ o⁄MzczO^zo⁄ogy /UW<√ZY7Z. 14:3647-3651.

Fischer U, Utke K, Somamoto T, Kollner B, Ototake M, Nakanishi T (2006) Cytotoxic activities of fish leucocytes. *Fish and Shellfish Immunology,* 20: 209-226.

Fletcher TC (1986) Modulation of non-specific host defences in fish (Modulação das defesas não específicas do hospedeiro em peixes). *Veterinary Immun0l7gy and Immunopathology,* 12:59-67.

Gareau MG, Sherman PM, Walker WA (2010) Probiotics and the gut microbiota in intestinal health and disease. *Nature Reviews Gaooroenternkjgy aadHepat7(9gy,* 7(9):503-514.

Gatesoupe FJ (1999) The use of probiotics in aquaculture. *Aquaculture,* 180:147-165.

Gram L, Melchiorsen J, Spanggaard B, Huber I, Nielsen T (1999) Inhibition of *gibrio auguillurum* by *Pseudomonas Jluorescens* strain AH2, a possible probiotic treatment of fish. *Applied and Environmental MicrobioFgy,* 65:969-973.

Grinde B, Jolles J, Jolles P (1998) Purificação e caraterização de duas lisozimas da truta arco-íris *(Salmogairdneri).* European *Journal of Biochemistry,* 173:269-273.

Harikrishnan R, Balasundaram C, Heo M (2011) Impacto dos produtos vegetais no sistema imunitário inato e adaptativo de peixes e mariscos cultivados. *Fish and Shellfish Immunology,* 317: 1 -15.

Hibiya T (ed.) (1994) An Atlas of Fish Histology. Normal and Pathological Features. GustavFischerVerlag, Stuttgart, Alemanha. 5-125.

Hoseinifar SH, Khalili M, Rufchaei R, Raeisi M, Attar M, Cordero H *et al.,* (2015). Efeitos dos extractos de frutos de tamareira na imunidade da mucosa da pele, expressão de genes relacionados com a imunidade e desempenho de crescimento de alevins de carpa comum *(('eprmus carpio). Fish Shellfish Immunology,* 47:706-711.

Ingram GA (1980) Substâncias envolvidas na resistência natural dos peixes à infeção - uma revisão. *Joornal ofFish Biology,* 16: 23-60.

Ivanova EP, Vysotskii MV, Svetashev VI, Nedashkovskaya OI, Gorshkova NM, et *α/.,*(1999) Caracterização de estirpes de *Bacillus* de origem marinha. *IoternatiynalMicrobiology,* 2:267-271.

Kimbrell DA, Beutler B (2001) The evolution and genetics of innate immunity (A evolução e a genética da imunidade inata). *Natucs Reeitccss Genetics,* 2: 256-267.

Kobayashi M, Msangi S, Batka M, Vannuccini S, Dey MM, Anderson JL (2015) Fish to

2030: the role and opportunity for aquaculture, *Aquaccltnre Economics & Management,* 19: 282-300.

Kumar G e Engle CR (2016) Technological advances that led to growth of shrimp, salmon and tilapia farming. *Reviews in Fisheries Science & Aqnacnltnre,* 24:136-152.

Lee BJ, Bak YT (2011) Irritable Bowel Syndrome, Gut Microbiota and probiotics. *2-urnal 2f Neurogastroenterology andMotility,* 17(3):252- 266.

Lie O, Evensen O, Sorensen A, Freysadal E (1989) Study on lysozyme activity in some fish species. *Doenças de Organismos Aquáticos,* 6:1-5.

Lily DM, Stillwell RH (1965) Probiotics: growth promoting factors produced by microorganism. *Ciência,* 147:747-748.

Limburg KE, Hughes RM, Jackson DC e Brain CZ (2011) Human population increase, economic growth and fish conservation Collision couse on Savvy Steward Ship? *Fisheries,* 36:27-34.

M S Powell MS (2006) Genética de Peixes e Biotecnologia da Aquacultura. ⅜α*e‰≡⅛ 10.1111⅓.1365-2109.2006.01464.x

Magnadottir B (2006) Innate immunity in fish (overview). *Fish and Shellfish Immunology,* 20:137-151.

Magnadottir B (2006) Innate immunity of fish (overview), *Fish and Shellfish Immunology,* 20:137-156.

Magnadottir B (2010) Immunological control of fish diseases (Controlo imunológico das doenças dos peixes). *Journal of MnrineBiotechno-Ogy,* 12: 361-379.

Magnadottir B, Jonsdóttir H, Helgason S, Bjornsson B, J0rgensen TO, Pilstrom L (1999) Parâmetros imunitários humorais no bacalhau do Atlântico *(Gadus morhua* L.). I. Os efeitos da temperatura ambiental. *Comparative Biochemistry and Physiology - Part B,* 122: 173-180.

Magnadottir B, Lange S, Gudmundsdottir S, Bogwald J e Dalmo RA (2005) Ontogenia dos parâmetros imunitários humorais em peixes. *Fish and Shellfish Immunology,* 19, 429-439.

Manning MJ e Nakanishi T (1996) Cellular defenses. In: Iwama GK, Nakanishi T (eds.): *Fish Fisiology,* XV. O sistema imunitário dos peixes. Imprensa académica. Londres,

Inglaterra. 159-205.

McFarland Lynne V (2010) Revisão sistemática e meta-análise de *Sacchromyces boulardii* em pacientes adultos. *Jornal Mundial de Gastroenterologia,* 16(18):2202-2222.

Medzhitov R (2007) Recognition of microorganisms and activation of the immune response (Reconhecimento de microrganismos e ativação da resposta imunitária). *Natureza,* 449:819.

Medzhitov R, Preston-Hurlburt P, Janeway CA (1997) Jr A human homologue of the Drosophila Toll protein signals activation of adaptive immunity. *Nature,* 388:394.

Muir JF e Young JA (1998) Aquaculture and marine fisheries: will capture fisheries remain competitive? *Journal of the Northwest Atlantic Fishery Science,* 23: 157-174.

Mulero V, Meseguer J (1998): Caracterização funcional de um fator de ativação de macrófagos produzido por leucócitos de dourada *(Sparus aurhta* L.). *Fish and Shellfish Immunology,* 8:143-156.

Nadarajah S e Flaaten O (2017) Global aquaculture growth and institutional quality. *Marinec Policy,* 84:142-151.

Nayak SK (2010) Probiotics and immunity : A fish perspective. *Fish and Shellfimu Immunology,* 29:2-14.

Nevien KM, Viola MZ, Yousef AA (2008) Effect of some immunostimulants on health status and disease resistance of Nile tilapia *(Oreochromis niloticus')* 8th International Symposium on Tilapia in Aquaculture, Kyushu University, Fukuoka, Japan ,1073-1088.

Ng HH and Kottelat M (2008) The identity of *Clarias batrachus* (Linnaeus, 1758), with the designation of a neotype (Teleostei: Clariidae). *Zoological Journal of the Linnean Society,* 153: 725-732.

Ng, HH and Kottelat M (2007) A review of the catfish genus Hara, with the description of four new species (Siluriformes: Erethistidae). *Revue Suisse de Zoologie,* 114: 471-505.

Nicholson WC (2004) Ubiquidade, longevidade e papéis ecológicos dos esporos de Bacillus. Em formadores de esporos bacterianos: Probiotics and emerging Applications, Ricca E, Henriques AO, Cutting SM(eds). Norflox, HorisonBioscience, 1-15.

Oshiumi H, M. Sasai K, Shida T, Fujita M, Matsumoto Seya T (2003) TIR- containing adapter molecule (TICAM)-2, a bridging adapter recruiting to toll-like recetor 4 TICAM-1 that induces interferonbeta. *ThcJeurnal of 'Biological Chemistry,* 278:49751-49762.

Pandiyan P, Balaraman D, Thirunavukkarasu R, George EGJ, Subaramaniyam K, Manikkam S (2013) Probióticos na agricultura. *Drug Invent Today,* 5:55-59.

Panigrahi A, Kiron V, Puangkaew J, Kobayashi T, Satoh S, Sugita H (2005) A viabilidade das bactérias probióticas como fator que influencia a resposta imunitária na truta arco-íris *Oncorhynihus mykiss. Aquaculture,* 243:241254.

Pothoulakis C (2009) Artigo de revisão: Mecanismo de ação anti-inflamatório de *Sacchromyces boulardii. Alimentary Pharmacology and Therapeutics,* 30:826-833.

Powell DS (2000) Immune system. Em Ostrander GK (ed.). The laboratory fish. Academic Press 2000; p. 441-449.

Press CMcL e Evensen 0 (1999) The morphology of the immune system in teleost fishes. *Fish and Shellfish Immunology,* 9: 309-318.

Press CMcL, Evensen 0, Reitan LJ, Landsverk T (1996) Retention of furunculosis vaccine components in Atlantic salmon, Salmo salar L., following different routes of administration. *Journal of Fish Disease,* 19: 15-224.

Qureshi TA, Chauhan R, Mastan SA (2002) Infeção experimental de Saprolegnia spp. em diferentes espécies de peixes. *Journal for Nature Conservation,* 14:385-388.

Rauta PR, Nayak. B, Das S (2012) Sistema imunitário e respostas imunitárias em peixes e o seu papel no estudo comparativo da imunidade: Um modelo para organismos superiores. *Fnmunology* Lettera, 148: 23-33.

Rengpipat S, Tunyamum A, Fest AW, Piyatiratitivoraku S and Menasveta P (2003) Enhanced growth and resistance to *Vibrio* challenge in pondreared black tiger shrimp *Penaeus monodon fed* a *Bacillus* probiotic. *Disease OfAquatic Oagisnisms,* 55:169-173.

Reyes-Becerril M, Ascencio-Valle F, Macias ME, Maldonado M, Rojas M, Esteban MA (2012) Efeitos de silagens marinhas enriquecidas com *Lactobacillus sakei* 5-4 na resposta hemato-imunológica e de crescimento no pargo vermelho do Pacífico (*Lutjanus peru*) exposto a *Aeaomonas veronii. Fish and Shellfish Immunology,* 33: 984-992.

Ringo E and Vadstein O (1998) Colonization of *Vibrio Pelagius* and *Aeromonas caviae* in early developing turbot (*Scophthalmus maximum L)* larvae. *Journal of Applied*

Microbiology, 84(2): 227-232.

Roberts RJ, Willoughby LG, Chinabut S (1993) Mycotic aspects of epizootic ulcerative syndrome (EUS) of Asian fishes. *Journal of Fish Diseases,* 16:169-83.

Rombout JH, Huttenhuis HBT, Picchietti S, Scapigliati S (2005) Phylogeny and ontogeny of fish leucocites. *Fish and Shellfish Immunology* 19: 441455.

Rombout JHWM, Taverne N, Taveme-Thiele AJ (1993) Diferenças no muco e na imunoglobulina sérica da carpa *(('vprmuc carpio* L.). *D3yel0pmental* <⅛ Comparative *Fnm9nology,* 17:309-317.

Sahu C, Ghosh S, Sinha A (2007) Dietary probiotic supplementation in growth and health of live- bearing ornamental fishes. *Aquaculture Nutrition,* 13:1-11.

Sailendri K (1973). Estudos sobre o desenvolvimento de órgãos linfóides e respostas imunitárias no teleósteo, *Tilapia mossabica* (Peters). Tese de doutoramento, Universidade de Mandurai, Índia.

Sailendri K e Muthukkaruppan VR (1975) The immune response of the teleost, Tilapia mossambica, to soluble and cellular antigens. *Journal 0fE0perime9tal Zoology,* 191:79.

Sakai M (1999) Situação atual da investigação sobre imunoestimulantes para peixes. *Aquaculture,* 172:63-92.

Salzet M (2001) Vertebrate innate immunity resembles a mosaic of invertebrate responses. *Tendências em Imunologia,* 22: 285-288.

Sarkar S, Bhattacharya D, Juin SK, Nath N (2014) Propriedades biológicas das gonadotrofinas do peixe-gato ambulante indiano *(Clarias batrachus)* (L.) na reprodução feminina. *Fisiologia e Bioquímica de Peixes,* DOI 10.1007/sl0695- 014-9973-0.

Sati SC (1991) Aquatic fungitic parasitic on temperate fishes of Kumaun Himalaya, India. *Mycoses,* 34:437-41.

Saurab S e Sahoo P K (2008) Lysozyme: an important defence molecule of fish innate immune system. *Aquaculture Research,* 39: 233-239.

Shephard KL (1994) Functions for fish mucus. Aevzew *in Fish Biology Fisheries,* 4: 401429.

Smith V J, Findlay C, Schnapp D e Hutton MC D (1995) Deteção de atividade antibacteriana nos tecidos ou fluidos corporais de invertebrados marinhos. In: *Techniques zzz Fish Immunology. Vol. 4. Immnnology, Pathnlogy of Aquatic Invertebrates* (eds. Stolen J S, Fletcher T C, Smith S A, Zelikoff J T, Kaattari S L, Anderson R S, Soderhall K e Weeks-Perkins B A), 173-181. SOS Publications, Fair. Haven, New Jersey.

Smith VJ, Brown JH, Hauton C (2003) Immunostimulation in crustaceans: does it really protect against infection? *Fish and Shellfish Immunology,* 15:71-90.

Sohn KS, Kim MK, Kim JD, Han In K (2000) The role of immunostimulants in monogastric animal and fish. *Asian- Australasian Journal of Animal Sciences,* 13:1178-1186.

Srivastava P K e Pandey A K (2015) Role of immunostimulants in immune responses of fish and shellfish (Papel dos imunoestimulantes nas respostas imunitárias do peixe e do marisco). *Biochemial Cellular Archivs,* 15: 4773.

Stein T (2005) Antibióticos *de Bacillus subtilis*: estruturas, sínteses e funções específicas. *Microbiologia Molecular,* 56:845-857.

Stickney RR (1994) Principles of Aquaculture, John Wiley & Sons, Nova Iorque.

Sveinbjornsson B, Olsen R, Paulsen S (1996) Immunocytochemical localization of lysozyme in intestinal eosinophilic granule cells(EGCs) of Atlantic salmon, *Salmo salmo. Journal of Fish Diseases,* 19:349-355.

Szajewska H, Ruszczynski M, Radzikowski A (2006) Probióticos na prevenção de diarreia associada a antibióticos em crianças - uma meta-análise de ensaios controlados aleatórios. *Jornal de Pediatria,* 149:367-372.

Tafalla C, Figueras A, Novoa B (2001) Viral hemorrhagic septicemia virus alters turbot *Scophthalmus* rnαπrnw5 macrophage nitric oxide production. *Disease of Aquatic Organism,* 47: 101-107.

Van Muiswinkel WB (1995) O sistema imunitário dos peixes: imunidade inata e adquirida. Em Fish disease & disorders: Protozoan & metazoan infections (Woo, PTK ed.) Vol.1, pp 729-750. CAB International publisher, Wallingford, Oxon OX10-8DE (Reino Unido).

Van Muiswinkel WB, Anderson D.P, Lamers CHJ, Egberts E, Van Loon JJA, Ijssel JP (1985) Fish immunology and fish healt. Em Fish Immunology (Manning MJ & Tatner MF eds) pp 1-8. Londres: Accademic press (UK).

Verschuere L, Rombaut G, Sorgeloos P, Verstraete W (2000) Probiotic bacteria as biological control agents in aquaculture. *Microbiology and Molarulao Biology Reviews,* 64: 655-671.

Vine NG, Leukes WD, Kaiser H (2006) Probiotics in marine larviculture (Probióticos na larvicultura marinha). *Microbiology reviews,* 30:404-427.

Vishwanath W, Lakra WS, Sarkar UK (2007). Fishes of North East India (Peixes do Nordeste da Índia).
Gabinete Nacional de Recursos Genéticos de Peixes, Lucknow, Índia.

Werling D, Jungi TW (2003) Toll-Iike receptors linking innate and adaptive immune response. *Veterinary Immunology and Immunopathology ,* 91: 1-12.

West PV (2006) *Saptrolegnia paracitica,* um agente patogénico dos oomicetos com um apetite de peixe: Novos desafios para um velho problema, *mycologist,* 20:99-104.

Westers L, Westers H, Quax WJ (2004) *Baciffiais subtifas* como fábrica celular de proteínas farmacêuticas: uma abordagem biotecnológica para otimizar o organismo hospedeiro. *Bioclimica et Biophysica Ata,* 299-310.

Whyte S K (2007) A resposta imunitária inata dos peixes ósseos: uma revisão dos conhecimentos actuais. *Fish and SheUfish* 7rnrnwno⁄ogy, 23:1127-1151.

Willoughby LG (1994) Fungi and fish diseases. Pisces Press Stirling.

Yang X, Zhang B, Guo Y, Jiao P e Long F (2010) Effects of dietary lipids and Clostridium butyricum on fat deposition and meat quality of broiler chickens (Efeitos dos lípidos da dieta e do Clostridium butyricum na deposição de gordura e na qualidade da carne de frangos de carne). *Ponltry Scienee,* 89:254-260.

Yin Z, Lam TL, Sin YM (1997) Cytokine-mediated antimicrobial immune response of catfish, *Clarias gariepinus, as a* defence against *Aeromonas hydrophila. Fish and Shellfish Immunology,* 7: 93-104.

Zapata A, Diez B, Cejalvo T, Gutierrez de Frias C, Cortes A (2006). Ontogenia do sistema imunitário dos peixes. *Fish and Shellfish Immunology,* 20: 126-136.

Zapata AG, Chiba A, Varas A (1996) Células e tecidos do sistema imunitário dos peixes. In: O Sistema Imunitário dos Peixes: Organism, Pathogen, and Environment, G. Iwama & T.

Nakanishi (Eds.), 1-62, Academic Press, ISBN 0-12-350439-2, San Diego, California, USA.

47

yes I want morebooks!

Buy your books fast and straightforward online - at one of world's fastest growing online book stores! Environmentally sound due to Print-on-Demand technologies.

Buy your books online at
www.morebooks.shop

Compre os seus livros mais rápido e diretamente na internet, em uma das livrarias on-line com o maior crescimento no mundo! Produção que protege o meio ambiente através das tecnologias de impressão sob demanda.

Compre os seus livros on-line em
www.morebooks.shop

info@omniscriptum.com
www.omniscriptum.com

OMNIScriptum

Printed by Books on Demand GmbH, Norderstedt / Germany